高职高专"十三五"规划教材·数控铣考证与竞赛系列

UG 12.0 冲压模具设计实例教程

詹建新　主　编

王秀敏　副主编

电子工业出版社
Publishing House of Electronics Industry
北京·BEIJING

内 容 简 介

本书是结合编者多年的实际教学和模具工厂一线工作的经验编写的，详细介绍了 UG 12.0 钣金设计的方法及 UG 12.0 冲压模具设计的计算方法，以实例说明 UG 12.0 冲压模具设计的方法。全书共 12 章，内容包括 UG 钣金设计基础、简单钣金零件设计、冲压模具概述、UG 冲压模具模架设计、冲压模具设计基础、UG 落料模具设计、UG 冲压模具工程图设计、UG 冲孔模具设计、弯曲模具设计基础、UG 弯曲模具设计、拉深模具设计、UG 拉深模设计。所选内容都在课堂教学中经过反复验证，实用性较强，深受学生欢迎。

本书可作为高等院校的数控或模具专业的教材，也可作为相关专业学生考证的参考用书，还可供参加冲压模具竞赛的考生参考。

图书在版编目（CIP）数据

UG 12.0 冲压模具设计实例教程 / 詹建新主编. —北京：电子工业出版社，2019.1

高职高专"十三五"规划教材. 数控铣考证与竞赛系列

ISBN 978-7-121-35284-3

Ⅰ. ①U…　Ⅱ. ①詹…　Ⅲ. ①冲模－计算机辅助设计－高等职业教育－教材　Ⅳ. ①TG385.2-39

中国版本图书馆 CIP 数据核字（2018）第 242595 号

责任编辑：郭穗娟

印　　刷：北京七彩京通数码快印有限公司

装　　订：北京七彩京通数码快印有限公司

出版发行：电子工业出版社

　　　　　北京市海淀区万寿路 173 信箱　邮编　100036

开　　本：787×1 092　1/16　印张：16　字数：410 千字

版　　次：2019 年 1 月第 1 版

印　　次：2024 年 6 月第 15 次印刷

定　　价：49.80 元

凡所购买电子工业出版社图书有缺损问题，请向购买书店调换。若书店售缺，请与本社发行部联系，联系及邮购电话：(010)88254888，88258888。

质量投诉请发邮件至 zlts@phei.com.cn，盗版侵权举报请发邮件至 dbqq@phei.com.cn。

本书咨询联系方式：(010)88254502，guosj@phei.com.cn。

前　言

　　长期以来，冲压模具设计与制造课程所用的教材基本上是沿用 10 多年前的大纲，还是纯理论课，没有实操练习。与塑料模具方面的课程相比，冲压模具设计与制造课程稍微滞后。

　　本书编者具有 20 多年的从事模具设计的企业工作经验，也有多年从事模具教学的工作经验，一直想编写 UG 冲压模具设计与制造方面的教材，但一直没有找到相关的参考书籍。于是，一边教学一边创作，结合以前在模具厂的工作经验，历时两年，写成了本书。在作者已出版的一系列书籍中，有 4 本是关于 UG 方面的教程：

　　（1）《Mastercam X9 数控铣中（高）级考证实例精讲》

　　（2）《Creo 4.0 造型设计实例精讲》

　　（3）《UG 10.0 造型设计实例教程》

　　（4）《UG 10.0 塑料模具设计实例教程》

　　（5）《UG 10.0 数控编程实例教程》

　　（6）《UG 12.0 冲压模具设计实例教程》

　　本书是丛书之一，所有的实例都是由作者精心挑选出来的。本书由广州华立科技职业学院詹建新老师担任主编，广州华立科技职业学院王秀敏担任副主编。

　　由于编者的水平有限，书中疏漏、欠妥之处在所难免，请广大读者批评指正，提出宝贵的意见，不胜感谢。联系方式（QQ：648770340）。

编　者

2018 年 10 月

目　录

目 录

第1章 UG 钣金设计基础

1.1 UG 钣金设计模式

1.1.1 创建新文件

（1）单击"新建"按钮 📄，在【新建】对话框中把"名称"设为"bjtz"，"单位"设为"毫米"；选择"NX 钣金"模板，如图 1-1 所示。

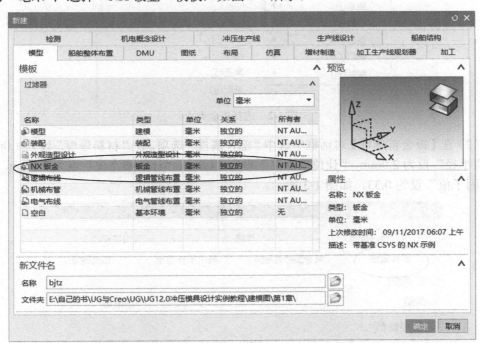

图 1-1 设定【新建】对话框参数

（2）单击"确定"按钮，进入钣金设计环境。

1.1.2 钣金首选项

（1）选择"菜单 | 首选项 | 钣金"命令，如图 1-2 所示。

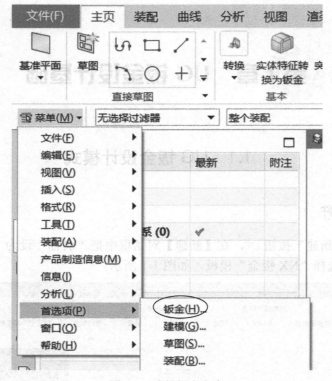

图 1-2　选择钣金命令

（2）在【钣金首选项】对话框中选中"部件属性"选项。把"材料厚度"设为 1.0mm，"折弯半径"设为 2.0mm，"让位槽深度"设为 3.0mm，"让位槽宽度"设为 2.0mm，"● 中性因子值"设为 0.33，如图 1-3 所示。

图 1-3　设定【钣金首选项】对话框参数

（3）单击"确定"按钮，完成钣金部件属性的设定。

提示： 钣金首选项的参数设定以后，在后续的设计过程中，每个钣金特征的材料厚度、折弯半径、让位槽深度，以及让位槽宽度都按首选项的参数大小自动生成。

1.2　突　出　块

1.2.1　底数特征

（1）选取"菜单│插入│突出块"命令，在【突出块】对话框中对"类型"选择"底数"；单击"绘制截面"按钮▣，如图 1-4 所示。

提示： 在【突出块】对话框中"厚度"栏的数值呈灰色，数值大小为"1"。这个数值是在钣金首选项中已设定好的，不能直接修改。如果要修改"厚度"值的大小，可以先单击"厚度"栏中的"启动公式编辑器"按钮"="，再单击"使用本地值"，就可输入厚度值。

（2）在弹出的【创建草图】对话框中，对"草图类型"选择"在平面上"，"平面方法"选择"新平面"，在坐标系中选择 XOY 平面，将"参考"设为"水平"，在坐标系中选择 X 轴，将"原点方法"设为"使用工作部件原点"，如图 1-5 所示。

图 1-4　设定【突出块】对话框　　　　图 1-5　设定【创建草图】对话框

（3）单击"确定"按钮，再单击"矩形"按钮，绘制矩形截面（120mm×120mm），如图 1-6（a）所示。

（4）先单击"完成"按钮，再单击"确定"按钮，创建突出块特征，如图 1-6 所示。

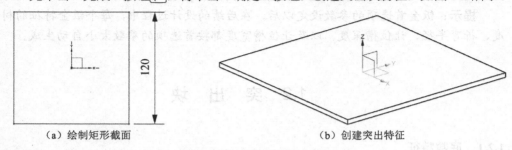

（a）绘制矩形截面 　　　　　　　　　　　（b）创建突出特征

图 1-6　绘制矩形截面和创建突出特征

1.2.2　次要特征

（1）选取"菜单 | 插入 | 突出块"命令，在【突出块】对话框中对"类型"选择"次要"，单击"绘制截面"按钮，如图 1-7 所示。

（2）在弹出的【创建草图】对话框中，对"草图类型"选择"在平面上"，"平面方法"选择"新平面"，在坐标系中选择 XOY 平面，将"参考"设为"水平"，在坐标系中选择 X 轴，将"原点方法"设为"使用工作部件原点"。

（3）单击"确定"按钮，再单击"矩形"按钮，绘制矩形截面，如图 1-8 所示。

图 1-7　对"类型"选择"次要"

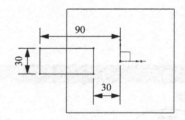

图 1-8　绘制矩形截面

（4）先单击"完成"按钮，再单击"确定"按钮，创建突出块次要特征。次要特征与底数特征自动合并，如图 1-9 所示。

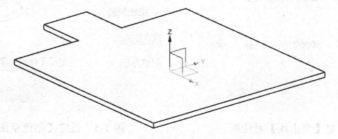

图 1-9　创建突出块次要特征

提示：突出块的次要特征与底数特征的厚度相同。

1.3 折　弯　类

1.3.1 弯边

弯边命令功能是在钣金基础材料的直边边缘添加一个由参数控制的弯边特征。

（1）选取"菜单｜插入｜折弯｜弯边"命令，弹出【弯边】对话框，如图 1-10 所示。

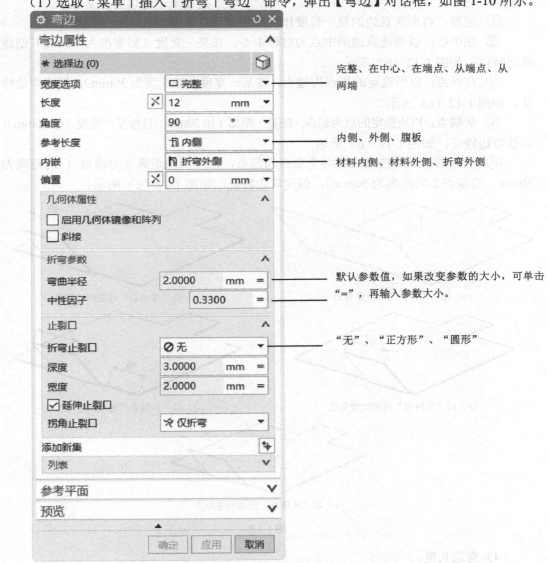

完整、在中心、在端点、从端点、从两端

内侧、外侧、腹板

材料内侧、材料外侧、折弯外侧

默认参数值，如果改变参数的大小，可单击"="，再输入参数大小。

"无"、"正方形"、"圆形"

图 1-10　【弯边】对话框

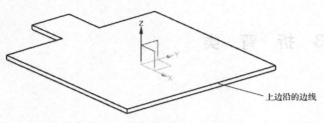

上边沿的边线

图1-11　选取上边沿的边线

（2）选取其中的一条边线（如上边沿的边线）作为弯边边线，如图1-11所示。

（3）弯边宽度。

"宽度选项"是用来设定弯边的宽度的，它有5个子选项：完整、在中心、在终点、从端点和从两端。这5个子选项的含义如下。

① 完整：将所选直边的整个长度作为弯边宽度，如图1-12（a）所示。

② 在中心：以所选直边的中点为对称中心，按某一宽度（如宽度为40mm）创建弯边特征，如图1-12（b）所示。

③ 在终点：以所选定的端点为起点，按某一宽度（如宽度为30mm），创建弯边特征，如图1-12（c）所示。

④ 从端点：以所指定的点为起点，按某一距离（如30mm）且按某一宽度（如40mm），创建弯边特征，如图1-12（d）所示。

⑤ 从两端：以所选直边的两个端点为起点，按不同的距离（与端点1的距离为30mm，与端点2的距离为50mm），创建弯边特征，如图1-12（e）所示。

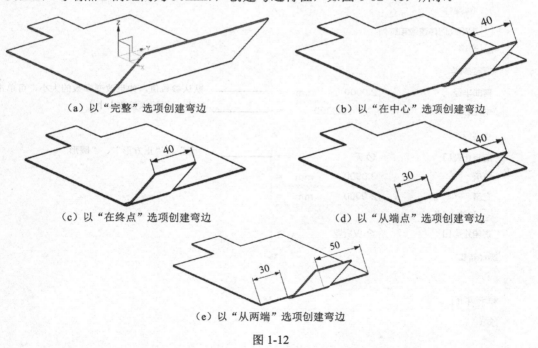

（a）以"完整"选项创建弯边　　　　　　　（b）以"在中心"选项创建弯边

（c）以"在终点"选项创建弯边　　　　　　（d）以"从端点"选项创建弯边

（e）以"从两端"选项创建弯边

图1-12

（4）弯边长度。

"弯边长度"命令是用来设定从弯边特征的端面到弯边底部的距离的，它有3个子选项：内侧、外侧、腹板。这 3 个子选项的含义如下。

内侧：从弯边后的钣金特征内基础平面与内表面的交线到弯边底部的距离，如图 1-13（a）所示。

外侧：从弯边后的钣金特征外基础平面与外表面的交线到弯边底部的距离，如图 1-13（b）所示。

腹板：从弯边后的钣金特征切线到弯边底部的距离，如图 1-13（c）所示。

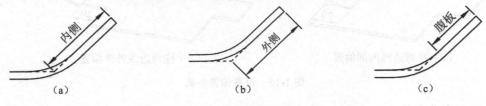

图 1-13　设定弯边长度

（5）内嵌。

"内嵌"命令是用来设定弯边特征的位置的，有 3 个子选项：材料内侧、材料外侧和折弯外侧。这 3 个子选项的含义如下。

① 材料内侧：弯边特征外部弯边切线的延长线经过所选的折弯线，如图 1-14（a）所示。

② 材料外侧：弯边特征内部弯边切线的延长线经过所选的折弯线，如图 1-14（b）所示。

③ 折弯外侧：弯边特征弯边底部的位置（如圆弧的边线）与所选的折弯线重合，如图 1-14（c）所示。

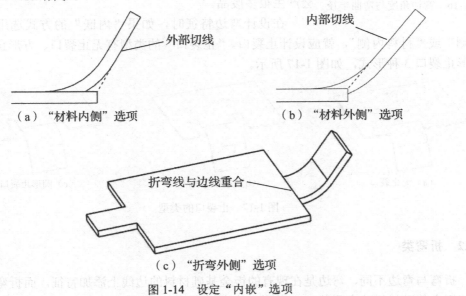

（a）"材料内侧"选项　　　　　（b）"材料外侧"选项

（c）"折弯外侧"选项

图 1-14　设定"内嵌"选项

（6）偏置。

"偏置"是设定弯边特征的与折弯线的距离。例如，设定弯边特征与弯边线的距离为20mm，如图1-15所示。单击"反向"按钮 ✗，可改变偏置的方向。

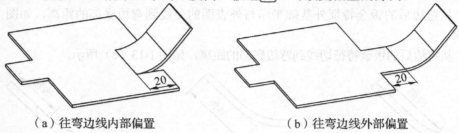

（a）往弯边线内部偏置　　　　　　　　（b）往弯边线外部偏置

图1-15　设置偏置参数

（7）弯曲半径。

弯曲半径栏中显示"2mm"，这个数值是在【钣金首选项】对话框中设定的。如需修改弯边半径的大小，可以在【弯边】对话框折弯半径栏中单击"="，再输入半径的数值。

UG钣金的弯边半径指弯边特征内侧圆柱面的半径大小。

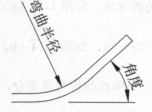

图1-16　弯边角度与弯曲半径

（8）弯边角度。

弯边角度是指弯边特征与基础特征的夹角，如图1-16所示。

（9）止裂口。

在实际生产过程中，钣金件在弯边时，弯边特征与基础特征之间应有止裂口。如果没有止裂口，钣金件将被撕裂，会产生很多废品。

在设计弯边特征时，如果"内嵌"的方式选用"材料外侧"或"材料内侧"，就应设计止裂口。"止裂口"的类型有无止裂口、方形止裂口和圆形止裂口3种形式，如图1-17所示。

（a）无止裂口　　　　　　　　（b）方形止裂口　　　　　　　　（c）圆形止裂口

图1-17　止裂口的类型

1.3.2　折弯类

折弯与弯边不同，弯边是在现有的钣金基础材料的边线上添加特征，而折弯是将已有的钣金基础材料改变形状，由平面形状弯折成一定的角度。

（1）单击"新建"按钮 📄，在【新建】对话框中将"名称"设为"bjzw"，"单位"设为"毫米"，选择"NX 钣金"模板，参考图 1-1。

（2）选取"菜单|首选项|钣金"命令，在【钣金首选项】对话框中选中"部件属性"选项，把"材料厚度"设为 1.0mm，"折弯半径"设为 2.0mm，"让位槽深度"设为 3.0mm，"让位槽宽度"设为 2.0mm，"◉ 中性因子值"设为 0.33，参考图 1-2。

（3）选取"菜单|插入|突出块"命令，创建一个突出块，尺寸为 120mm×80mm，如图 1-18（a）所示。

（4）单击"草图"按钮 🖾，以突出块的上表面为草绘平面，绘制一条竖直线，如图 1-18（b）所示。

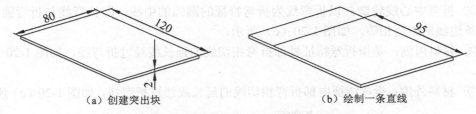

（a）创建突出块　　　　　　　　　　（b）绘制一条直线

图 1-18　创建突出块和绘制一条直线

（5）选取"菜单|插入|折弯|折弯"命令，弹出【折弯】对话框，如图 1-19 所示。

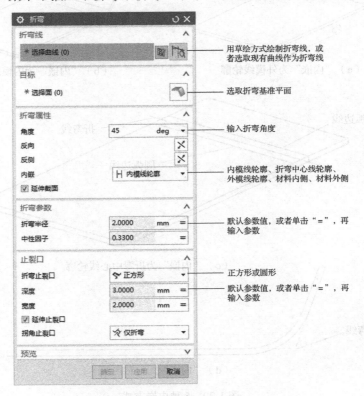

图 1-19　【折弯】对话框

（6）折弯线：选取突出块上的直线为折弯线。

（7）目标面：选取钣金突出块的上表面为目标面。

（8）内嵌：设定折弯特征的位置，有 5 个子选项：外模线轮廓、折弯中心线轮廓、内模线轮廓、材料内侧和材料外侧。这 5 个子选项的含义如下。

① 外模线轮廓：折弯线为折弯特征的圆弧的边线，折弯线位于基础面上，如图 1-20（a）所示。

② 内模线轮廓：折弯线为折弯特征的圆弧的边线，折弯线位于折弯面上，可以选取"菜单｜分析｜测量｜简单距离"命令，测量斜面的距离为 25mm，可得知折弯线为圆弧的上边线，如图 1-20（b）所示。

③ 折弯中心线轮廓：以折弯线为折弯特征的圆弧的中线，即折弯线与折弯圆弧面的两条边线的距离相等，如图 1-20（c）所示。

④ 材料内侧：是指折弯特征外部折弯相切线的延长线经过折弯线，如图 1-20（d）所示。

⑤ 材料外侧：折弯特征内部折弯相切线的延长线经过折弯线，如图 1-20（e）所示。

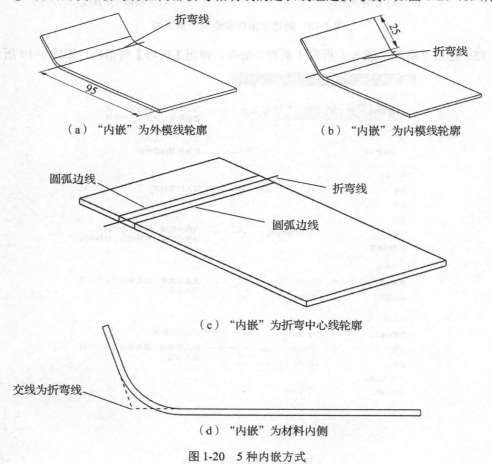

（a）"内嵌"为外模线轮廓　　　　　　　　（b）"内嵌"为内模线轮廓

（c）"内嵌"为折弯中心线轮廓

（d）"内嵌"为材料内侧

图 1-20　5 种内嵌方式

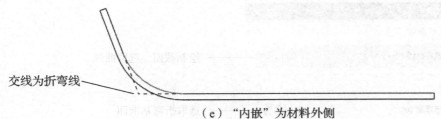

交线为折弯线

（e）"内嵌"为材料外侧

图 1-20　5 种内嵌方式（续）

1.3.3　二次折弯

二次折弯就是通过用一个 UG 命令将平面形状的钣金特征同时进行两次折弯，而折弯命令是指用一个 UG 命令只发生一次折弯。

（1）单击"新建"按钮 🗋，在【新建】对话框中将"名称"设为"eczw"，"单位"设为"毫米"，选择"NX 钣金"模板，参考图 1-1。

（2）选取"菜单｜首选项｜钣金"命令，在【钣金首选项】对话框中选中"部件属性"选项；把"材料厚度"设为 1.0mm，"折弯半径"设为 2.0mm，"让位槽深度"设为 3.0mm，"让位槽宽度"设为 2.0mm，"◉ 中性因子值"设为 0.33，参考图 1-2。

（3）选取"菜单｜插入｜突出块"命令，创建一个突出块，尺寸为 120mm×80mm，参考图 1-18（a）。

（4）单击"草图"按钮🖼，以突出块的上表面为草绘平面，绘制一条竖直线，参考图 1-18（b）。

（5）选取"菜单｜插入｜折弯｜二次折弯"命令，弹出【二次折弯】对话框，如图 1-21 所示。

（6）折弯线：选取突出块上的直线为折弯线。

（7）目标面：选取钣金突出块的上表面为目标面。

（8）高度：在"高度"栏中输入折弯的高度为 10mm。

（9）参考高度：是设定折弯特征的高度，有两个子选项：内部和外部。这两个子选项的含义如下。

① 内部：参考高度指从基准平面到折弯内表面的距离，如图 1-22（a）所示。

② 外部：参考高度指从基准平面到折弯外表面的距离，如图 1-22（b）所示。

（10）内嵌：设定折弯特征的位置，有 3 个子选项：材料内侧、材料外侧和折弯外侧。这 3 个子选项的含义如下。

① 材料内侧：折弯特征在折弯线的内侧，如图 1-23（a）所示。

② 材料外侧：折弯特征在折弯线的外侧，如图 1-23（b）所示。

③ 折弯外侧：折弯线为折弯特征的边线，如图 1-23（c）所示。

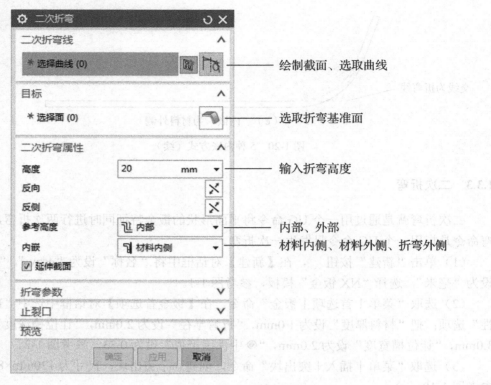

绘制截面、选取曲线

选取折弯基准面

输入折弯高度

内部、外部

材料内侧、材料外侧、折弯外侧

图 1-21 【二次折弯】对话框

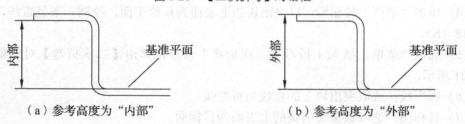

（a）参考高度为"内部"　　　　　　　（b）参考高度为"外部"

图 1-22 设定参考高度

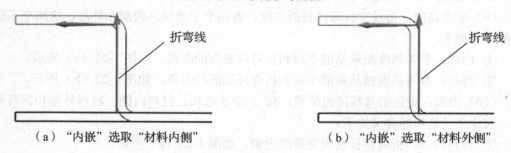

（a）"内嵌"选取"材料内侧"　　　　（b）"内嵌"选取"材料外侧"

图 1-23 设定二次折弯的"内嵌"

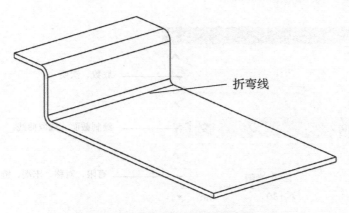

（c）"内嵌"选取"折弯外侧"

图 1-23　设定二次折弯的"内嵌"（续）

1.3.4　轮廓弯边

　　轮廓弯边与折弯、弯边不同，轮廓弯边是在现有的钣金基础材料的边线上绘制草图（钣金的形状），然后再创建钣金弯边特征。

　　（1）单击"新建"按钮 ，在【新建】对话框中将"名称"设为"lkwb"，"单位"设为"毫米"，选择"NX 钣金"模板，参考图 1-1。

　　（2）选取"菜单｜首选项｜钣金"命令，在【钣金首选项】对话框中选中"部件属性"选项；把"材料厚度"设为 1.0mm，"折弯半径"设为 2.0mm，"让位槽深度"设为 3.0mm，"让位槽宽度"设为 2.0mm，"◉ 中性因子值"设为 0.33，参考图 1-2。

　　（3）选取"菜单｜插入｜突出块"命令，创建一个突出块特征，尺寸为 120mm×80mm，参考图 1-18（a）。

　　（4）选取"菜单｜插入｜折弯｜轮廓弯边"命令，弹出【轮廓弯边】对话框，如图 1-24 所示。

　　（5）类型：选取"次要"。

　　提示：若选择"次要"选项，则所创建的钣金特征的厚度与基座厚度相同；若选"基座"选项，则所创建的特征需要重新输入厚度值。

　　（6）截面：单击"绘制截面"按钮 $\boxtimes$，选取左端的边线，软件自动弹出一个平面和坐标系。双击坐标系的 X 轴、Y 轴、Z 轴，可改变坐标轴的方向，如图 1-25 所示。

　　（7）在【创建草图】对话框中，对"位置"选取"弧长百分比"，将"弧长百分比"设为 30，对"方向"选取"垂直于路径"，如图 1-26 所示。

　　（8）先单击"确定"按钮，再单击"直线"按钮，绘制一条直线，如图 1-27 所示。

　　（9）单击"完成"按钮 ，在【轮廓弯边】对话框设置特征的宽度。"宽度选项"中有 4 个子选项：有限、对称、末端和链。这 4 个子选项的含义如下。

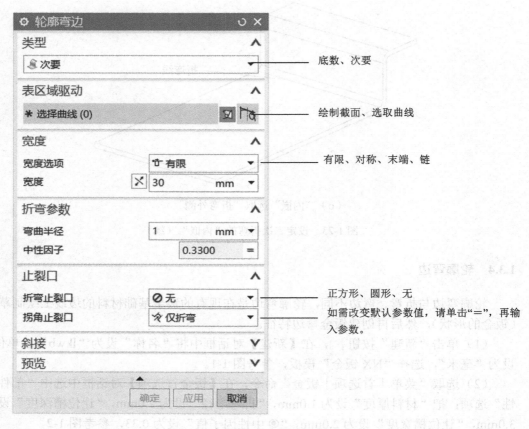

图1-24 【弯边轮廓】对话框

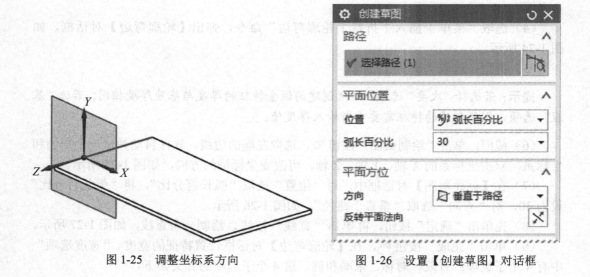

图1-25 调整坐标系方向

图1-26 设置【创建草图】对话框

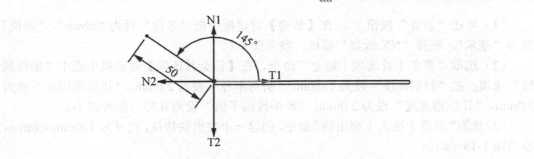

图 1-27　绘制一条直线

① 有限：以截面为端面，单方向创建轮廓弯边特征，如图 1-28（a）所示。

② 对称：以截面为对称中心，双方向创建轮廓弯边特征，如图 1-28（b）所示。

③ 末端：以截面为端面，到所选边线的端点处内创建轮廓弯边特征，如图 1-28（c）所示。

④ 链：选取基座另一条边线，创建轮廓弯边特征，如图 1-28（d）所示。

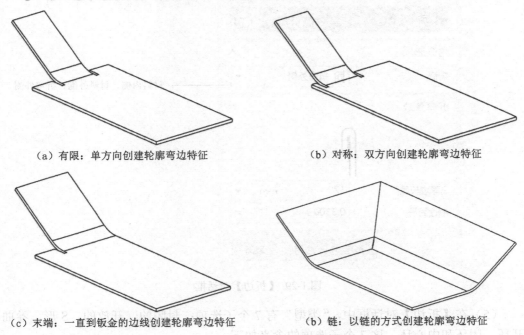

（a）有限：单方向创建轮廓弯边特征　　　　　　（b）对称：双方向创建轮廓弯边特征

（c）末端：一直到钣金的边线创建轮廓弯边特征　　（b）链：以链的方式创建轮廓弯边特征

图 1-28　创建轮廓弯边

1.3.5　折边弯边

沿钣金基础材料的边线创建一个折弯特征，关于折弯的角度、圆弧半径和长度可在【折边】对话框中输入相应的参数。

（1）单击"新建"按钮 ，在【新建】对话框中把"名称"设为"zbwb"，"单位"设为"毫米"，选择"NX钣金"模板，参考图1-1。

（2）选取"菜单｜首选项｜钣金"命令，在【钣金首选项】对话框中选中"部件属性"选项；把"材料厚度"设为1.0mm，"折弯半径"设为2.0mm，"让位槽深度"设为3.0mm，"让位槽宽度"设为2.0mm，"◉中性因子值"设为0.33，参考图1-2。

（3）选取"菜单｜插入｜突出块"命令，创建一个突出块特征，尺寸为120mm×80mm，参考图1-18（a）。

（4）选取"菜单｜插入｜折弯｜折边弯边"命令，弹出【折边】对话框，如图1-29所示。

图1-29 【折边】对话框

（5）在【折边】对话框中，"类型"有7个子选项：封闭的、开放的、S形、卷曲、开环、闭环和中心环。这7个子选项的含义如下。

① 封闭：所创建的折边特征与基本特征贴在一起，如图1-30（a）所示。

② 开放：所创建的折边特征与基本特征分开，如图1-30（b）所示。

③ S形：发生两次折弯，第二次折弯向外折弯，如图1-30（c）所示。

④ 卷曲：发生两次折弯，第二次折弯向内折弯，如图1-30（d）所示。

⑤ 开环：从所选的边线开始，创建一个圆弧特征，如图1-30（e）所示。

⑥ 闭环：先创建一个圆弧特征，再创建平面特征，如图1-30（f）所示。

⑦ 中心环：连续创建两个圆弧面，如图 1-30（g）所示。

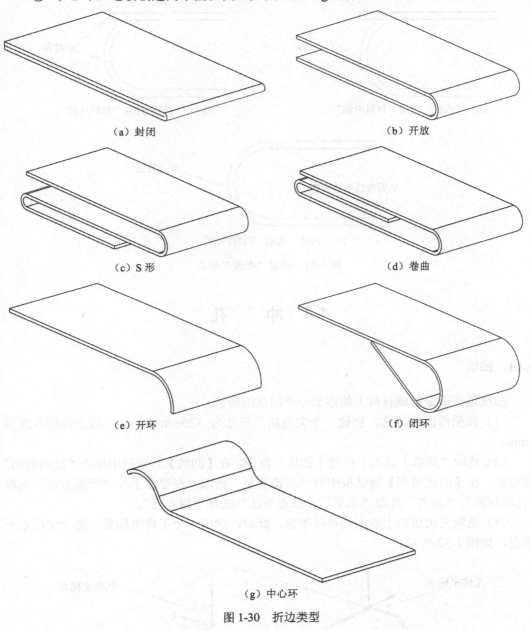

（a）封闭

（b）开放

（c）S 形

（d）卷曲

（e）开环

（f）闭环

（g）中心环

图 1-30　折边类型

（6）内嵌：设定折弯特征的位置，有 3 个子选项：材料内侧、材料外侧和折弯外侧。这 3 个子选项的含义如下。

① 材料内侧：折弯特征在折弯线的内侧，如图 1-31（a）所示。

② 材料外侧：折弯特征在折弯线的内侧，如图 1-31（b）所示。

③ 折弯外侧：从折弯线开始折弯特征，如图1-31（c）所示。

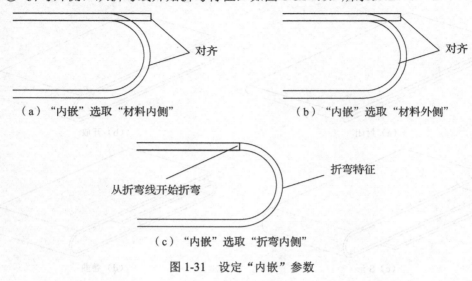

（a）"内嵌"选取"材料内侧"　　　　　　（b）"内嵌"选取"材料外侧"

（c）"内嵌"选取"折弯内侧"

图1-31　设定"内嵌"参数

1.4　冲　　孔

1.4.1　凹坑

凹坑是在钣金基础材料上的添加一个凹坑的特征。

（1）按照前面的方法，创建一个突出块，尺寸为120mm×80mm，钣金件的厚度为1mm。

（2）选取"菜单｜插入｜冲孔｜凹坑"命令，在【凹坑】对话框中单击"绘制截面"按钮，在【创建草图】对话框中对"草图类型"选取"在平面上"，"平面方法"选取"自动判断"，"参考"选取"水平"，"原点方法"选择"指定点"。

（3）选取突出块的上表面为草绘平面，此时，弹出一个工件坐标系，两个坐标系不重合，如图1-32所示。

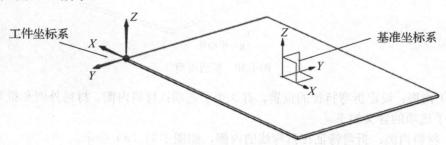

图1-32　两个坐标系不重合

提示：工件坐标系的位置可能出现在任意位置。

（4）在坐标系中选择 X 轴为水平参考，再单击"坐标系对话框"按钮，在弹出的【坐标系】对话框中，对"类型"选取"平面，X 轴，点"，对"Z 轴的平面"选取基准坐标系的 XOY 平面，对"平面上的 X 轴"选取基准坐标系的 X 轴。

（5）单击"点对话框"按钮，在弹出的【点】对话框中，输入（0，0，0）。

（6）单击"确定"按钮，两个坐标系重合，如图 1-33 所示。

提示：双击工件坐标系的 X 轴、Y 轴，可改变方向。

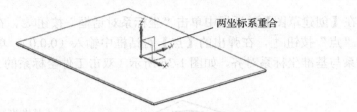

图 1-33　工件坐标系与基准坐标系重合

（7）单击"矩形"按钮，创建截面矩形（100mm×60mm），如图 1-34 所示。

（8）单击"完成"按钮，在【凹坑】对话框中把"深度"设为 10mm。单击"反向"按钮，使箭头朝下，把"侧角"设为 10°，"参考深度"选择"内部"，"侧壁"选择"材料外侧"，勾选"☑凹坑边倒圆"复选框，把"冲压半径"设为 2mm，"冲模半径"设为 4mm。勾选"☑截面拐角倒圆"复选框，把"拐角半径"设为 3mm。

（9）单击"确定"按钮，创建凹坑特征，如图 1-35 所示。

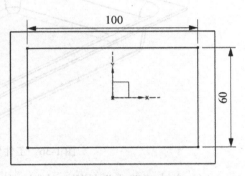

图 1-34　创建截面

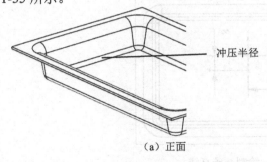
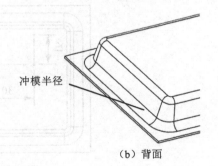

（a）正面　　　　　　　　　　（b）背面

图 1-35　创建凹坑特征

提示："参考深度"选择"内部"和选择"外部"的区别是相差一个钣金材料的厚度，"侧壁"选择"材料内侧"和选择"材料外侧"的区别也是相差一个钣金材料的厚度，读者可以自行验证。

1.4.2 百叶窗

（1）选取"菜单｜插入｜冲孔｜百叶窗"命令，在【百叶窗】对话框中单击"绘制截面"按钮圞。在【创建草图】对话框中对"草图类型"选取"在平面上"，"平面方法"选取"自动判断"，"参考"选取"水平"。

（2）单击"指定坐标系"按钮，在【坐标系】对话框中，对"类型"选取"平面，X轴，点"，对"Z轴的平面"选取凹坑的底面，对"平面上的X轴"选取基准坐标系的X轴。

（3）在【创建草图】对话框中单击"坐标系对话框"按钮圞，在【创建草图】对话框中单击"点"按钮圞，在弹出的【点】对话框中输入（0,0,0），单击"确定"按钮，工件坐标系与基准坐标系对齐，如图1-36所示（双击工件坐标系的X轴、Y轴，可改变方向）。

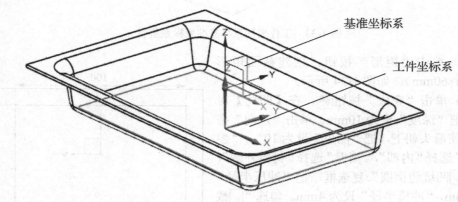

图1-36 工件坐标系与基准坐标系对齐

（4）单击"确定"按钮，绘制一条直线，如图1-37所示。

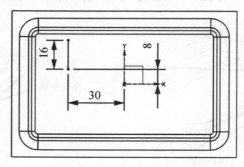

图1-37 绘制一条直线

（5）单击"完成"按钮圞，在【百叶窗】对话框中把"深度"设为3mm，"宽度"设为5mm；对"百叶窗形状"选择"成形的"选项，勾选"☑百叶窗边倒圆"复选框，把"冲模半径"设为2mm。

（6）单击"确定"按钮，创建百叶窗特征，如图 1-38 所示。

提示：百叶窗的形状有"成形的"和"冲裁的"两种类型，读者自行验证两种类型的造型。

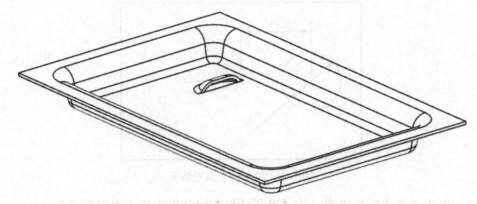

图 1-38　创建百叶窗特征

（7）选择"菜单｜插入｜关联复制｜阵列特征"命令，在【阵列】对话框中，对"布局"选择"线性" 🔳，"指定矢量"选择"XC↑" 🔲，"间距"选择"数量和间隔"；把"数量"设为 4，"节距"设为 20mm。取消"□对称"复选框前面的"√"，勾选"☑使用方向 2"复选框，对"指定矢量"选择"-YC↓" 🔲，"间距"选择"数量和间隔"；把"数量"设为 2，"节距"设为 30mm，取消"□对称"复选框前面的"√"。

（8）在零件图上选取百叶窗特征，单击"确定"按钮，创建阵列特征，如图 1-39 所示。

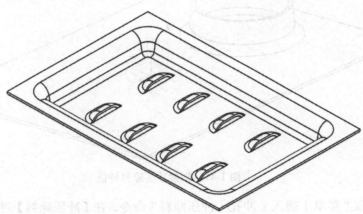

图 1-39　创建阵列特征

1.4.3　冲压除料

（1）按照前面的方法，创建一个突出块，尺寸为 120mm×80mm，钣金件的厚度为

1mm。

（2）选取"菜单｜插入｜冲孔｜冲压除料"命令，在【冲压除料】对话框中单击"绘制截面"按钮▣，选取突出块的上表面为草绘平面，绘制一个圆形截面，如图1-40所示。

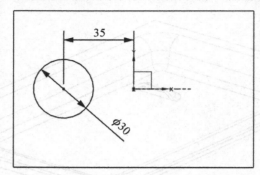

图1-40　绘制一个圆形截面

（3）单击"完成"按钮▨，在【冲压除料】对话框中把"深度"设为10mm，"宽度"设为5mm；对"侧壁"选择"材料外侧"选项，勾选"☑除料边倒圆"复选框，把"冲模半径"设为3mm。

提示： 因为该截面是一个圆，截面上没有拐角，所以不能勾选"□截面拐角倒圆"。否则，不能创建特征。

（4）单击"确定"按钮，创建冲压除料特征，如图1-41所示。

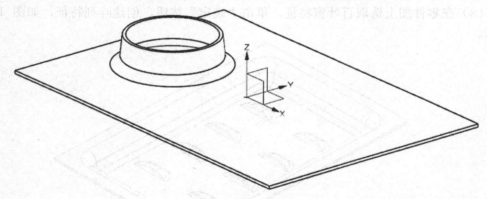

图1-41　创建冲压除料特征

（5）选取"菜单｜插入｜冲孔｜冲压除料"命令，在【冲压除料】对话框中单击"绘制截面"按钮▣，选取突出块的上表面为草绘平面，绘制一个矩形截面，如图1-42所示。

（6）单击"完成"按钮▨，在【冲压除料】对话框中把"深度"设为10mm，"宽度"设为5mm。"侧壁"选择"材料内侧"选项，勾选"☑除料边倒圆"复选框，"冲模半径"设为3mm。勾选"☑截面拐角倒圆"复选框，"拐角半径"设为2mm。

（7）单击"确定"按钮，创建冲压除料特征，如图1-43所示。

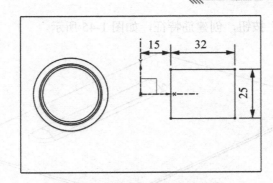

图 1-42　绘制一个矩形截面

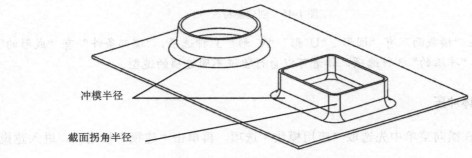

冲模半径

截面拐角半径

图 1-43　创建冲压除料特征

1.4.4　筋

（1）按照前面的方法，创建一个突出块，尺寸为 120mm×80mm，钣金件的厚度为 1mm。

（2）选取"菜单｜插入｜冲孔｜筋"命令，在【筋】对话框中单击"绘制截面"按 钮 ，选取突出块的上表面为草绘平面，绘制一条直线，如图 1-44 所示。

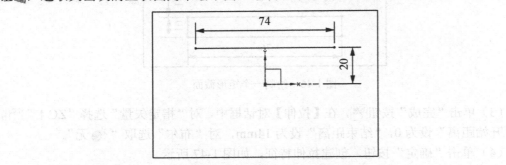

图 1-44　绘制一条直线

（3）单击"完成"按钮 ，在【筋】对话框中对"横截面"选取"圆形"，把"深 度"设为 3mm，"半径"设为 4mm；对"端部条件"选择"成型的"选项，勾选" 筋 边倒圆"复选框，把"冲模半径"设为 3mm。

（4）单击"确定"按钮，创建筋特征，如图1-45所示。

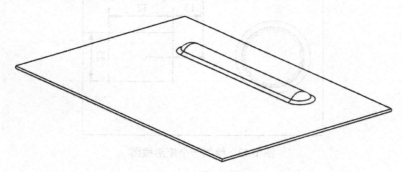

图1-45　创建筋特征

提示："横截面"有"圆形""U形""V形"3种选项，"端部条件"有"成形的""冲裁的""冲压的"3种选项，读者可以自行验证不同选项的造型。

1.4.5　实体冲压

（1）在横向菜单中先选取"应用模块"选项，再单击"建模"按钮，进入建模环境。

（2）单击"拉伸"按钮，在【拉伸】对话框中单击"绘制截面"按钮，选取突出块的下表面为草绘平面，绘制一个矩形截面（76mm×10mm），如图1-46所示。

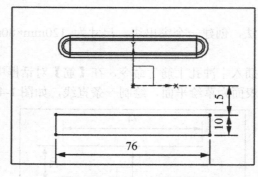

图1-46　绘制一个矩形截面

（3）单击"完成"按钮，在【拉伸】对话框中，对"指定矢量"选择"ZC↑"，把"开始距离"设为0，"结束距离"设为14mm，对"布尔"选取"无"。

（4）单击"确定"按钮，创建拉伸特征，如图1-47所示。

（5）在横向菜单中先选取"应用模块"选项，再单击"钣金"按钮，进入钣金界面。

（6）选取"菜单｜插入｜冲孔｜实体冲压"命令，在【实体冲压】对话框中，对"类型"选择"冲压"，对"目标面"选择突出块的下底面，"工具体"选择刚才创建的拉伸体。先勾选"☑实体冲压边倒圆"复选框，把"冲模半径"设为 2mm，再勾选"☑恒定厚度"复选框。

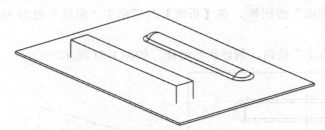

图 1-47　创建拉伸特征

（7）单击"确定"按钮，创建实体冲压特征，如图 1-48 所示。

提示： 读者可自行比较实体冲压特征和筋特征的区别。

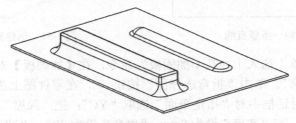

图 1-48　创建实体冲压特征

（8）在屏幕左边的"部件导航器"中双击"SB 实体冲压"☑ **SB 实体冲压 (4)**，在【实体冲压】对话框中单击"冲裁面"按钮。然后，在工作区中选取图 1-47 所创建的实体的上表面，单击【实体冲压】对话框的"确定"按钮，则所创建的实体冲压特征是穿孔的，如图 1-49 所示。

提示： 读者可自行比较穿孔的实体冲压特征和冲压除料特征的区别。

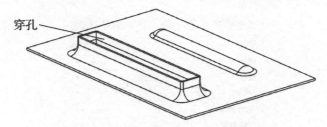

图 1-49　创建的实体冲压特征是穿孔的

1.4.6　加固板

在折弯特征与基础特征之间或在弯边特征与基础特征之间创建加固板，起加强作用。

（1）选取"菜单｜插入｜折弯｜折弯"命令，在【折弯】对话框中单击"绘制截面"按钮，选取突出块的上表面为草绘平面，绘制一条竖直线，如图1-50所示。

（2）单击"完成"按钮，在【折弯】对话框中"角度"设为90°，其他参数选取默认值。

（3）单击"确定"按钮，创建折弯特征，如图1-51所示。

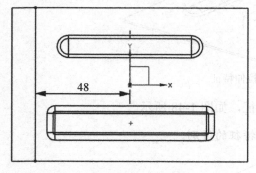
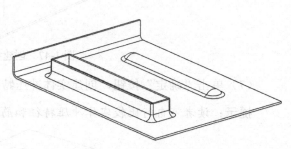

图1-50　绘制一条竖直线　　　　　　　　图1-51　创建折弯特征

（4）选取"菜单｜插入｜冲孔｜加固板"命令，在【加固板】对话框中对"类型"选取"自动生成轮廓"。单击"折弯选择面"按钮，在零件图上选取折弯特征的圆弧面。在【加固板】对话框中对"指定平面"选取"YC"；把"深度"设为5mm，对"形状"选取"正方形"，把"宽度"设为8mm，"侧角"设为30°，"冲压半径"设为3mm，"冲模半径"设为2mm，如图1-52所示。

图1-52　设定【加固板】对话框

（5）单击"确定"按钮，创建加固板特征，如图 1-53 所示。

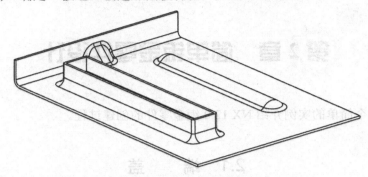

图 1-53　创建加固板特征

（6）选取"菜单｜插入｜折弯｜弯边"命令，在另一个方向创建弯边特征，如图 1-54 所示。

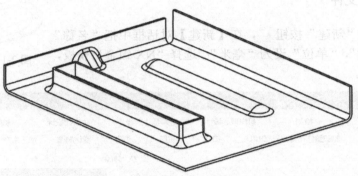

图 1-54　在另一个方向创建弯边特征

（7）再按上述方法创建加固板特征，如图 1-55 所示。

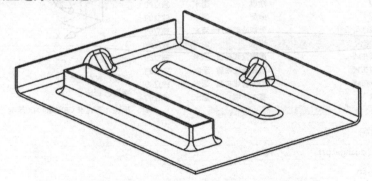

图 1-55　创建加固板特征

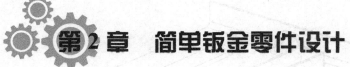

第 2 章　简单钣金零件设计

本章以几个简单的实例介绍 NX 12.0 钣金零件的创建过程。

2.1　端　　盖

端盖零件如图 2-1 所示。

2.1.1　创建新文件

（1）单击"新建"按钮 ，在【新建】对话框中把"名称"
设为"duangai"，"单位"设为"毫米"；选择"NX 钣金"模板，
如图 2-2 所示。

图 2-1　端盖零件图

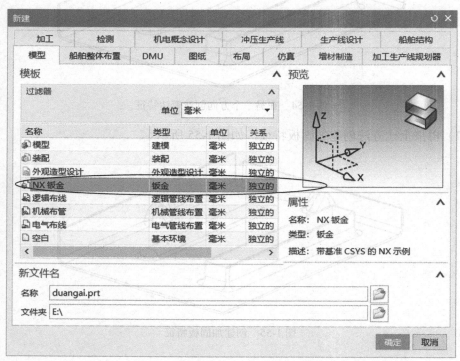

图 2-2　设定【新建】对话框参数

（2）单击"确定"按钮，进入钣金设计环境。

2.1.2 钣金首选项

1. 设定部件属性

（1）选取"菜单｜首选项｜钣金"命令，在【钣金首选项】对话框中选中"部件属性"选项；把"材料厚度"设为 1.0mm，"让位槽深度"设为 3.0mm，"折弯半径"设为 2.0mm，"让位槽宽度"设为 2.0mm，"◉ 中性因子值"设为 0.33，如图 2-3 所示。

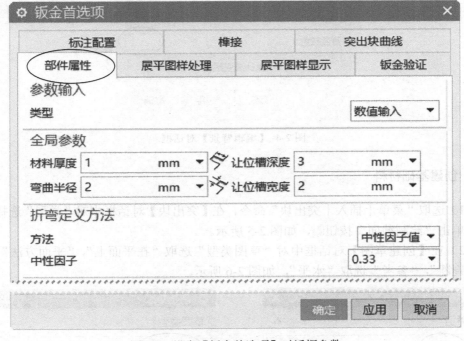

图 2-3 设定【钣金首选项】对话框参数

（2）单击"确定"按钮，完成钣金部件属性的设定。

2. 定义工作区背景颜色

（1）选取"菜单｜首选项｜背景"命令，在【编辑背景】对话框中对"着色视图"选取"◉ 纯色"选项，"线框视图"选取"◉ 纯色"选项，"普通颜色"选取白色，如图 2-4 所示。

（2）单击"确定"按钮，完成设定。

图 2-4 【编辑背景】对话框

2.1.3 创建基础材料

（1）选取"菜单｜插入｜突出块"命令，在【突出块】对话框中对"类型"选择"底数"，单击"绘制截面"按钮 ，如图 2-5 所示。

（2）在【创建草图】对话框中对"草图类型"选取"在平面上"，"平面方法"选取"自动判断"，"参考"选取"水平"，如图 2-6 所示。

图 2-5 设定【突出块】对话框

图 2-6 设定【创建草图】对话框

（3）在【坐标系】对话框中"类型"选取"平面，X 轴，点"选项，"Z 轴的平面"选取基准坐标系的 XOY 平面，"平面上的 X 轴"选取基准坐标系的 X 轴，"平面上的原点"为（0，0，0）。单击"确定"按钮，进入草绘模式。

（4）在工作区中绘制圆形截面（一）（ϕ200mm），如图 2-7 所示。

（5）先单击"完成"按钮 🖾，再单击"确定"按钮，创建突出块特征，在工作区上方单击"正三轴测图"按钮 🖱，切换视图后如图 2-8 所示，特征的颜色是系统默认的颜色。

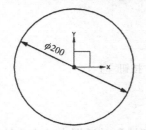

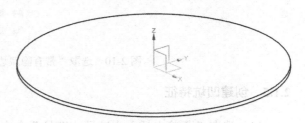

图 2-7 绘制圆形截面（一）　　　　　　　　图 2-8 创建突出块特征

2.1.4 改变颜色与线型

（1）选取"菜单｜编辑｜对象显示"命令，在绘图区中选取零件后，再单击【类选择】对话框的"确定"按钮。在【编辑对象显示】对话框中把"图层"设为 10，对"颜色"选取"黑色"，"线型"选取"实线"，"线宽"选取"0.5mm"，如图 2-9 所示。

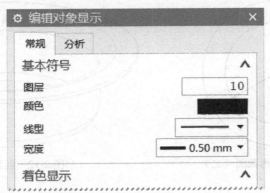

图 2-9 设定【编辑对象显示】对话框

（2）单击"确定"后，特征从工作区的屏幕消失（这是因为特征移到第 10 层，而第 10 层没有打开）。

（3）选取"菜单｜格式｜图层设置"命令，在【图层设置】对话框中勾选"☑10"，显示第 10 层的图素。此时，工作区中显示实体的颜色变为黑色。

（4）在工作区的上方选取"带有隐藏边的线框"按钮 📦，如图 2-10 所示。此时，实体以线框（线条为实线，线宽为 0.5mm）的形式显示。

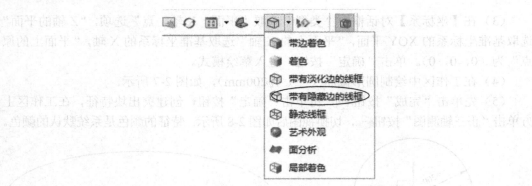

图 2-10　选取"带有隐藏边的线框"按钮 ⬡

2.1.5　创建凹坑特征

（1）选取"菜单｜插入｜冲孔｜凹坑"命令，在【凹坑】对话框中单击"绘制截面"按钮⬚，选取上表面作为草绘平面，创建圆形截面（二）（φ140mm），如图 2-11 所示。

（2）单击"完成"按钮⬚，在【凹坑】对话框中把"深度"设为50mm；单击"反向"按钮⊠，使箭头朝下。把"侧角"设为5°，对"参考深度"选择"内侧"，"侧壁"选择"材料外侧"，勾选"☑凹坑边倒圆"复选框。把"冲压半径"设为5mm，"冲模半径"设为10mm，取消"☑截面拐角倒圆"复选框前面的"√"。

（3）单击"确定"按钮，创建凹坑特征，如图 2-12 所示。

图 2-11　绘制圆形截面（二）　　　　　　　图 2-12　创建凹坑特征

2.1.6　创建法向开孔特征

（1）选取"菜单｜插入｜切割｜法向开孔"命令，在【法向开孔】对话框中单击"绘制截面"按钮⬚，选取上表面为草绘平面。

（2）绘制一个圆形截面（φ10mm），如图 2-13 所示。

（3）单击"完成"按钮⬚，在【法向开孔】对话框中对"切割方法"选择"厚度"，"限制"选择"贯通"，如图 2-14 所示。

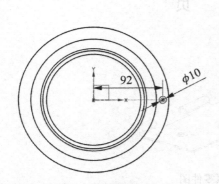

图 2-13　绘制一个圆形截面（ϕ10mm）　　　　图 2-14　【法向开孔】对话框

（4）单击"确定"按钮，创建法向开孔特征，如图 2-15 中的小圆孔所示。

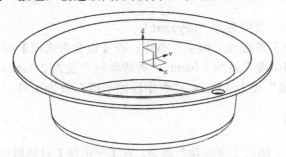

图 2-15　创建法向开孔特征

（5）选取"菜单｜插入｜关联复制｜阵列特征"命令，在【阵列特征】对话框中对"布局"选取"◎圆形"，"指定矢量"选取"ZC↑" "⤴"，"指定点"选取圆心，"间距"选取"数量和间隔"；把"数量"设为 8，"节距角"设为 45°。

（6）单击"确定"按钮，创建圆形阵列特征，如图 2-16 所示。

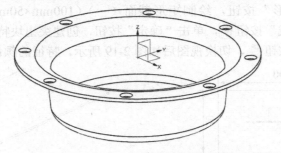

图 2-16　创建阵列特征

（7）单击"保存"按钮，保存文档。

2.2 合 页

合页零件如图 2-17 所示。

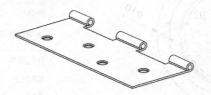

图 2-17 合页零件图

2.2.1 创建新文件

（1）创建新文件，文件名为"heye.prt"

（2）选取"菜单｜首选项｜钣金"命令，在【钣金首选项】对话框中选中"部件属性"选项；把"材料厚度"设为 1.0mm，"折弯半径"设为 2.0mm，"让位槽深度"设为 3.0mm，"让位槽宽度"设为 2.0mm，"◉ 中性因子值"设为 0.33。

2.2.2 创建基础材料

（1）选取"菜单｜插入｜突出块"命令，在【突出块】对话框中对"类型"选择"底数"，单击"绘制截面"按钮，参考图 2-5。

（2）在【创建草图】对话框中，对"草图类型"选择"在平面上"，"平面方法"选择"新平面"，选择 XOY 平面作为草绘平面，"参考"选择"水平"，选择 X 轴作为水平参考，将"原点方法"设为"使用工作部件原点"。

（3）单击"确定"按钮，进入草绘模式，基准坐标系与工件坐标系对齐。

（4）单击"矩形"按钮，绘制矩形截面（一）（100mm×50mm），如图 2-18 所示。

（5）单击"完成"按钮，单击"确定"按钮，创建突出块特征。在工作区上方单击"正三轴测图"按钮，切换视图后如图 2-19 所示，特征的颜色是系统默认的颜色。

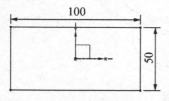

图 2-18 绘制矩形截面（一）

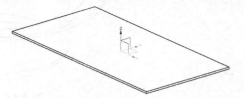

图 2-19 创建突出块特征

2.2.3　创建法向开孔特征

（1）选取"菜单｜插入｜切割｜法向开孔"命令，在【法向开孔】对话框中对"类型"选择"草图"，单击"绘制截面"按钮 。

（2）在【创建草图】对话框中，对"草图类型"选择"在平面上"，"平面方法"选择"新平面"，选择 XOY 平面作为草绘平面，"参考"选择"水平"，选择 X 轴作为水平参考，将"原点方法"设为"使用工作部件原点"。

（3）单击"确定"按钮，进入草绘模式，基准坐标系与工件坐标系对齐。

（4）单击"矩形"按钮，绘制两个矩形截面（二）（25mm×15mm），如图 2-20 所示。

（5）单击"完成"按钮 ，在【法向开孔】对话框中对"切割方法"选择"厚度"，"限制"选择"贯通"，参考图 2-14。

（6）单击"确定"按钮，创建法向开孔特征，如图 2-21 所示。

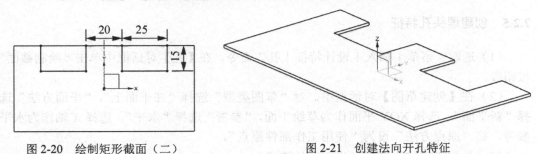

图 2-20　绘制矩形截面（二）　　　　　　　　图 2-21　创建法向开孔特征

2.2.4　创建折弯特征

（1）选取"菜单｜插入｜折弯｜折弯"命令，在【折弯】对话框中单击"绘制截面"按钮 。

（2）在【创建草图】对话框中，对"草图类型"选择"在平面上"，"平面方法"选择"新平面"，选择 XOY 平面作为草绘平面，"参考"选择"水平"，选择 X 轴作为水平参考，将"原点方法"设为"使用工作部件原点"。

（3）单击"确定"按钮，进入草绘模式，基准坐标系与工件坐标系对齐。

（4）单击"直线"按钮，绘制一条直线，如图 2-22 所示。

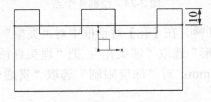

图 2-22　绘制一条直线

（5）单击"完成"按钮，在【折弯】对话框中把"角度"设为 280°，"内嵌"选择"外模轮廓线"选项，"弯曲半径"设为 1.5mm。

（6）单击"确定"按钮，创建折弯特征，如图 2-23 所示。

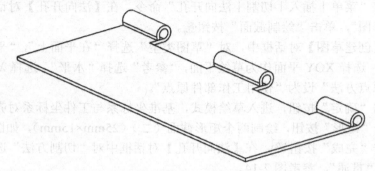

图 2-23　创建折弯特征

2.2.5　创建埋头孔特征

（1）选取"菜单｜插入｜设计特征｜孔"命令，在【孔】对话框中单击"绘制截面"按钮 。

（2）在【创建草图】对话框中，对"草图类型"选择"在平面上"，"平面方法"选择"新平面"，选择 XOY 平面作为草绘平面，"参考"选择"水平"，选择 X 轴作为水平参考，将"原点方法"设为"使用工作部件原点"。

（3）单击"确定"按钮，进入草绘模式。

（4）单击"点"按钮，在工作区中绘制 4 个点，如图 2-24 所示。

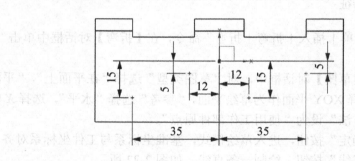

图 2-24　绘制 4 个点

（5）单击"完成"按钮 ，在【孔】对话框中对"类型"选取"常规孔"，"孔方向"选取"垂直于面"，对"成形"选取"埋头孔"；把"埋头直径"设为 5mm，"埋头角度"设为 90°，"直径"设为 4mm；对"深度限制"选取"贯通体"，"布尔"选取" 减去"，如图 2-25 所示。

（6）单击"确定"按钮，创建 4 个埋头孔，如图 2-26 所示。

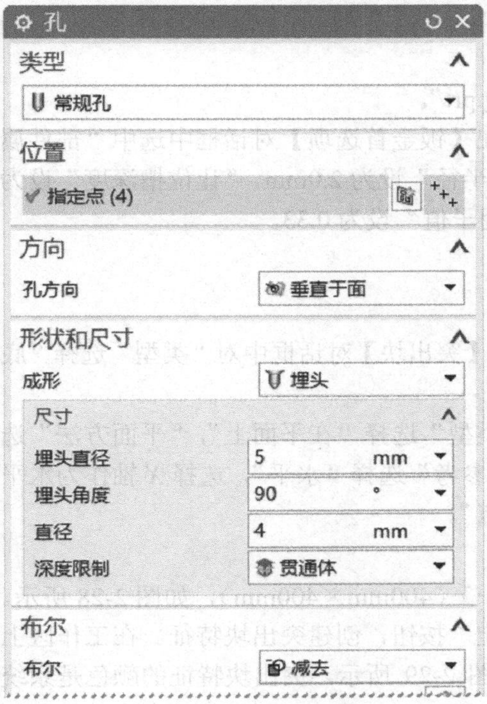

孔

类型

U 常规孔

位置

✔ 指定点 (4)

方向

孔方向　垂直于面

形状和尺寸

成形　U 埋头

尺寸

埋头直径	5	mm
埋头角度	90	°
直径	4	mm
深度限制	贯通体	

布尔

布尔　减去

图 2-25　设置【孔】对话框

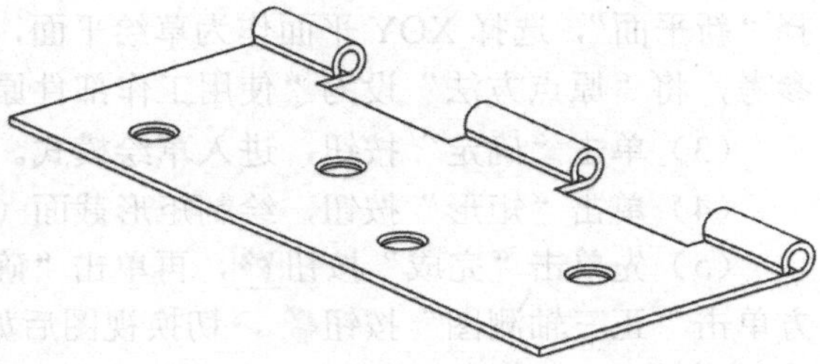

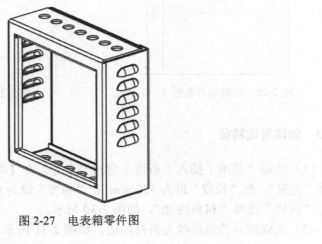

图 2-26　创建 4 个埋头孔

（8）单击"保存"按钮，保存文档。

2.3　电　表　箱

电表箱零件如图 2-27 所示。

图 2-27　电表箱零件图

2.3.1 创建新文件

（1）创建新文件，文件名为"dianbiaoxiang.prt"。

（2）选取"菜单｜首选项｜钣金"命令，在【钣金首选项】对话框中选中"部件属性"选项；把"材料厚度"设为 1.0mm，"折弯半径"设为 2.0mm，"让位槽深度"设为 3.0mm，"让位槽宽度"设为 2.0mm，"◉中性因子值"设为 0.33。

2.3.2 创建基础材料

（1）选取"菜单｜插入｜突出块"命令，在【突出块】对话框中对"类型"选择"底数"，单击"绘制截面"按钮▦，参考图 2-5。

（2）在【创建草图】对话框中，对"草图类型"选择"在平面上"，"平面方法"选择"新平面"，选择 XOY 平面作为草绘平面，"参考"选择"水平"，选择 X 轴作为水平参考，将"原点方法"设为"使用工作部件原点"。

（3）单击"确定"按钮，进入草绘模式。

（4）单击"矩形"按钮，绘制矩形截面（一）（400mm×400mm），如图 2-28 所示。

（5）先单击"完成"按钮▦，再单击"确定"按钮，创建突出块特征。在工作区上方单击"正三轴测图"按钮▦，切换视图后如图 2-29 所示，突出块特征的颜色是系统默认的颜色。

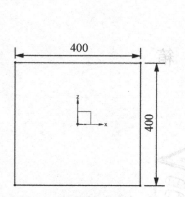

图 2-28　绘制矩形截面（一）

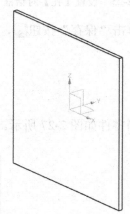

图 2-29　切换视图后的突出块特征

2.3.3 创建弯边特征

（1）选取"菜单｜插入｜折弯｜弯边"命令，在【弯边】对话框中对"宽度选项"选择"完整"，把"长度"设为 150mm；把"角度"设为 90°；对"参考长度"选择"外侧"，"内嵌"选择"材料内侧"，如图 2-30 所示。

（2）选取侧面的边沿线为折弯的边，如图 2-31 所示。

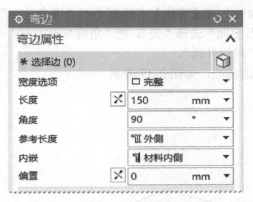

弯边

弯边属性

选择边 (0)

宽度选项	□ 完整
长度	150 mm
角度	90°
参考长度	外侧
内嵌	材料内侧
偏置	0 mm

图 2-30　设置【弯边】对话框参数

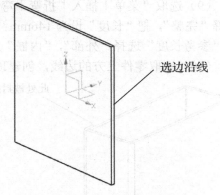

选边沿线

图 2-31　选取侧面的边沿线

（3）单击"确定"按钮，创建折弯特征（一），如图 2-32 所示。

提示：如果折弯的方向不对，那么在【弯边】对话框中单击"反向"按钮☒。

（4）采用相同的方法，创建另一侧边的弯边特征（二），如图 2-32 所示。

（5）选取"菜单｜插入｜折弯｜弯边"命令，在【弯边】对话框中"宽度选项"选择"完整"，把"长度"设为 395mm；把"角度"设为 90°；对"参考长度"选择"内部"，"内嵌"选择"材料内侧"。

（6）选取左侧面的边沿线为折弯的边，创建弯边特征（三），如图 2-33 所示。

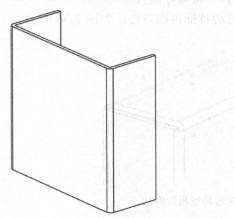

图 2-32　创建弯边特征（一）和（二）

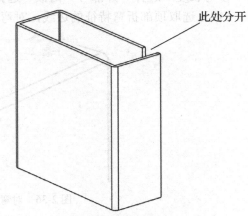

此处分开

图 2-33　创建弯边特征（三）

（7）选取"菜单｜插入｜折弯｜弯边"命令，在【弯边】对话框中对"宽度选项"选择"完整"，把"长度"设为 40mm；对"匹配面"选择"无"，把"角度"设为 90°；对"参考长度"选择"外部"，"内嵌"选择"材料外侧"。

提示："参考长度"和"内嵌"的设置方式不同，得到的效果也不同。

（8）选取右侧面的边沿线为折弯的边，创建弯边特征（四），如图 2-34 所示。

（9）选取"菜单｜插入｜折弯｜弯边"命令，在【弯边】对话框中对"宽度选项"选择"完整"，把"长度"设为146mm；对"匹配面"选择"无"，把"角度"设为90°；对"参考长度"选择"外部"，"内嵌"选择"材料外侧"。

（10）选取零件上方的边线，创建顶部弯边特征，如图2-35所示。

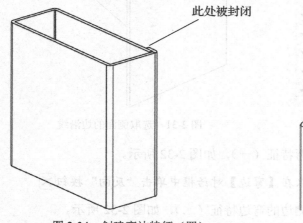

此处被封闭

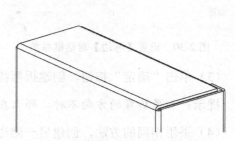

图2-34　创建弯边特征（四）　　　　　　图2-35　创建顶部弯边特征

（11）选取"菜单｜插入｜折弯｜弯边"命令，在【弯边】对话框中对"宽度选项"选择"完整"，把"长度"设为20mm；对"匹配面"选择"无"，把"角度"设为90°；对"参考长度"选择"外部"，"内嵌"选择"材料外侧"。

（12）选取顶部折弯特征的边线，对弯边特征再次弯边，如图2-36所示。

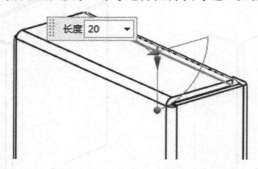

图2-36　对弯边特征再次弯边

（13）采用相同的方法，创建箱体底部的弯边特征。

2.3.4　创建法向开孔特征

（1）选取"菜单｜插入｜切割｜法向开孔"命令，在【法向开孔】对话框中对"类型"选择"草图"，单击"绘制截面"按钮。

（2）在【创建草图】对话框中"草图类型"选择"在平面上"，"平面方法"选择"新平面"，选择零件的前侧面作为草绘平面，"参考"选择"水平"，选择 X 轴作为水平参考，将"原点方法"设为"使用工作部件原点"。

（3）单击"确定"按钮，进入草绘模式。

（4）单击"矩形"按钮，绘制矩形截面（二）（340mm×340mm），如图 2-37 所示。

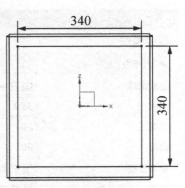

图 2-37　绘制矩形截面（二）

（5）单击"完成"按钮，在【法向开孔】对话框中对"切割方法"选择"厚度"，"限制"选择"值"，把"深度"设为 10mm，如图 2-38 所示。

（6）单击"确定"按钮，创建法向开孔特征，如图 2-39 所示。

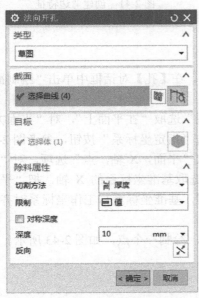

图 2-38　设置【法向开孔】对话框

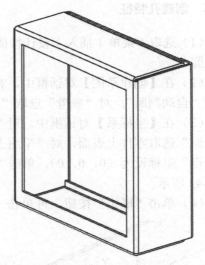

图 2-39　创建法向开孔特征

2.3.5　创建弯边特征

（1）选取"菜单｜插入｜折弯｜弯边"命令，在【弯边】对话框中对"宽度选项"选择"在中心"，把"宽度"设为330mm，"长度"设为20mm；对"匹配面"选择"无"，"角度"设为 90°，"参考长度"选择"外侧"，"内嵌"选择"折弯外侧"，如图 2-40 所示。

（2）选取法向开孔特征的边沿线为折弯的边，创建弯边特征，如图 2-41 所示。

（3）采用相同的方向，创建其余 3 个弯边特征。

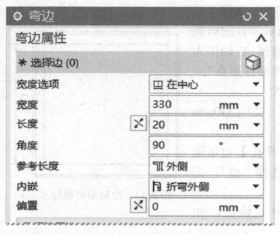

图 2-40　设定【弯边】对话框参数

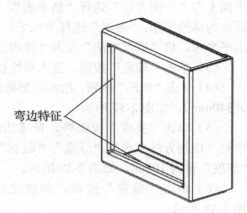

图 2-41　创建弯边特征

2.3.6　创建孔特征

（1）选取"菜单｜插入｜设计特征｜孔"命令，在【孔】对话框中单击"绘制截面"按钮🖋。

（2）在【创建草图】对话框中，对"草图类型"选取"在平面上"，对"平面方法"选取"自动判断"，对"参考"选取"水平"，单击"指定坐标系"按钮，参考图 2-6。

（3）在【坐标系】对话框中，对"类型"选取"平面，X 轴，点"选项，对"Z 轴的平面"选取零件上表面，对"平面上的 X 轴"选取基准坐标系的 X 轴，把"平面上的原点"坐标设为（0，0，0）。单击"确定"按钮，基准坐标系与工作坐标系对齐，如图 2-42 所示。

（4）单击"确定"按钮，再单击"点"按钮，绘制一个点，如图 2-43 所示。

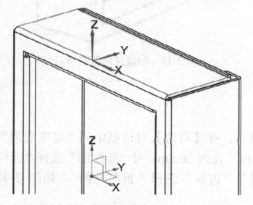

图 2-42　基准坐标系与工件坐标系对齐

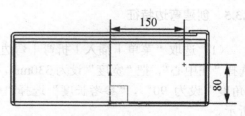

图 2-43　绘制一个点

（5）单击"完成"按钮，在【孔】对话框中，对"类型"选取"常规孔"，"孔方向"选择"垂直于面"，"形状"选取"简单孔"；把"直径"设为30mm，对"深度限制"选取"贯通体"，"布尔"选取"　减去"。

（6）单击"确定"按钮，创建孔特征，如图2-44所示。

（7）选取"菜单｜插入｜关联复制｜阵列特征"命令，在【阵列】对话框中，对"布局"选择"线性"　，"指定矢量"选择"−XC↓"　，"间距"选择"数量和间隔"；把"数量"设为7，"节距"设为50mm。取消"✓对称"复选框前面的"✓"，取消"✓使用方向2"复选框前面的"✓"。

（8）选取孔特征，单击"确定"按钮，创建阵列特征，如图2-45所示。

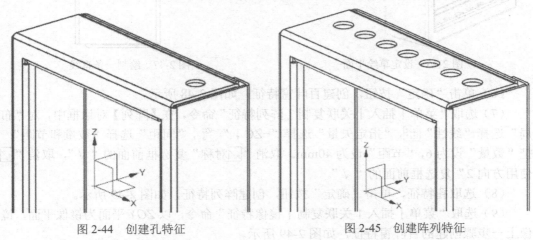

图 2-44　创建孔特征　　　　　　　　　图 2-45　创建阵列特征

2.3.7　创建百叶窗特征

（1）选取"菜单｜插入｜冲孔｜百叶窗"命令，在【百叶窗】对话框中单击"绘制截面"按钮　。

（2）在【创建草图】对话框中，对"草图类型"选取"在平面上"，对"平面方法"选取"自动判断"，对"参考"选取"水平"，单击"指定坐标系"按钮，参考图2-6。

（3）在【坐标系】对话框中，对"类型"选取"平面，X轴，点"选项，对"Z轴的平面"选取零件侧面，对"平面上的X轴"选取基准坐标系的Y轴，把"平面上的原点"坐标设为（0，0，0）。单击"确定"按钮，基准坐标系与工作坐标系对齐，如图2-46所示。

（4）单击"确定"按钮，再单击"直线"按钮，绘制一条直线，如图2-47所示。

（5）单击"完成"按钮，在【百叶窗】对话框中把"深度"设为5mm，"宽度"设为10mm；对"百叶窗形状"选择"成形的"选项，勾选"✓百叶窗边倒圆"复选框，把"冲模半径"设为2mm。

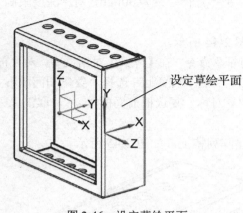

设定草绘平面

图 2-46　设定草绘平面

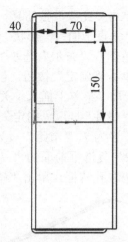

图 2-47　绘制一条直线

（6）单击"确定"按钮，创建百叶窗特征，如图 2-48 所示。

（7）选取"菜单｜插入｜关联复制｜阵列特征"命令，在【阵列】对话框中，对"布局"选择"线性" ⊞，"指定矢量"选择"–ZC↓" ᶻᶜ↓，"间距"选择"数量和节距"；把"数量"设为 6，"节距"设为 40mm。取消"☑对称"复选框前面的"√"，取消"☑使用方向 2"复选框前面的"√"。

（8）选取孔特征，单击"确定"按钮，创建阵列特征，如图 2-49 所示。

（9）选取"菜单｜插入｜关联复制｜镜像特征"命令，以 *ZOY* 平面为镜像平面，镜像上一步骤创建的百叶窗特征，如图 2-49 所示。

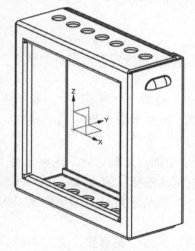

图 2-48　创建百叶窗特征

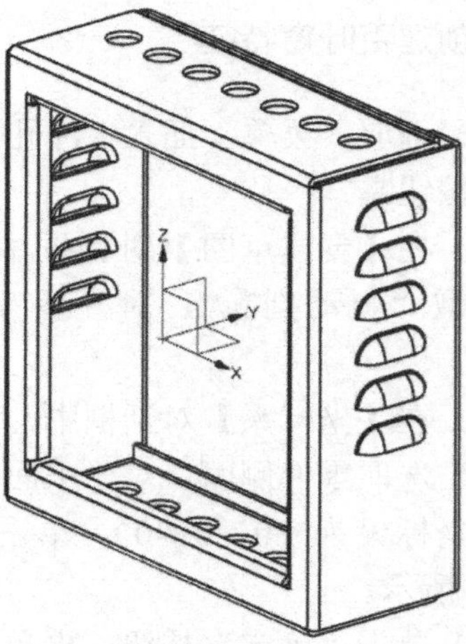

图 2-49　创建百叶窗阵列特征

（10）单击"保存"按钮 💾，保存文档。

2.4　灯　　箱

灯箱零件如图 2-50 所示。

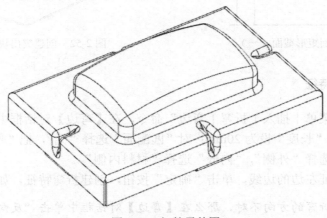

图 2-50　灯箱零件图

2.4.1　创建新文件

（1）创建新文件，文件名为"dengxiang.prt"。

（2）选取"菜单丨首选项丨钣金"命令，在【钣金首选项】对话框中选择"部件属性"选项；把"材料厚度"设为1.0mm，"折弯半径"设为2.0mm，"让位槽深度"设为3.0mm，"让位槽宽度"设为2.0mm，"◉中性因子值"设为0.33。

2.4.2　创建基础材料

（1）选取"菜单丨插入丨突出块"命令，在【突出块】对话框中对"类型"选择"底数"；单击"绘制截面"按钮，参考图 2-5。

（2）在【创建草图】对话框中，对"草图类型"选取"在平面上"，对"平面方法"选取"自动判断"，对"参考"选取"水平"，单击"指定坐标系"按钮，参考图 2-6。

（3）在【坐标系】对话框中，对"类型"选取"平面，X 轴，点"选项，对"Z 轴的平面"选取基准坐标系的 XOY 平面，对"平面上的 X 轴"选取基准坐标系的 X 轴，把"平面上的原点"坐标设为（0，0，0）。单击"确定"按钮，进入草绘模式。

（4）单击"矩形"按钮，绘制矩形截面（一）（150mm×100mm），如图 2-51 所示。

（5）先单击"完成"按钮，再单击"确定"按钮，创建突出块特征。在工作区上方单击"正三轴测图"按钮，切换视图后如图 2-52 所示，特征的颜色是系统默认的颜色。

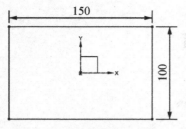

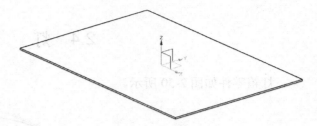

图 2-51　绘制矩形截面（一）　　　　　图 2-52　创建突出块特征

2.4.3　创建弯边特征

（1）选取"菜单｜插入｜折弯｜弯边"命令，在【弯边】对话框中对"宽度选项"选择"完整"，把"长度"设为 20mm；对"匹配面"选择"无"，把"角度"设为 90°；对"参考长度"选择"外侧"，"内嵌"选择"材料内侧"。

（2）选取特征左边的边线，单击"确定"按钮，创建折弯特征，如图 2-53 所示。

提示：如果折弯的方向不对，那么在【弯边】对话框中单击"反向"按钮 $\boxed{\times}$。

（3）采用相同的方法，创建其余 3 条边线的折弯特征。此时，4 个拐角位不仅不整齐，而且没有封闭，如图 2-54 所示。

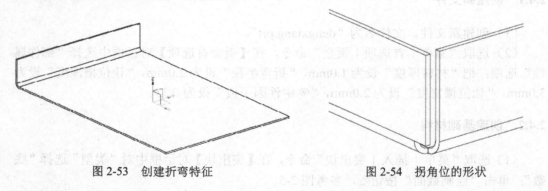

图 2-53　创建折弯特征　　　　　　　图 2-54　拐角位的形状

2.4.4　创建封闭拐角特征

（1）选取"菜单｜插入｜拐角｜封闭拐角"命令，在【封闭拐角】对话框中，对"类型"选择"封闭和止裂口"，"处理"选择"封闭的"，"重叠"选择"封闭的"，"缝隙"设为 0，如图 2-55 所示。

（2）在实体上选取拐角处两个相邻的圆弧面为封闭面，单击"确定"按钮，创建封闭拐角特征，如图 2-56 所示。

（3）采用相同的方法，创建其余 3 个拐角位的封闭拐角特征。

图 2-55　设定【封闭拐角】对话框

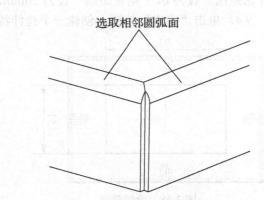

图 2-56　创建封闭拐角特征

2.4.5　创建加固板特征

（1）选取"菜单｜插入｜冲孔｜加固板"命令，在【加固板】对话框中对"类型"选择"自动生成轮廓"；把"深度"设为 10mm，"形状"设为"正方形"，"宽度"设为 4 mm，"侧角"设为 3°，"冲压半径"设为 1 mm，"冲模半径"设为 2 mm。

（2）在实体特征上选取 R 面为折弯面，在【加固板】对话框中对"指定平面"选取"YC" 。

（3）单击"确定"按钮，创建加固板特征，如图 2-57 所示。

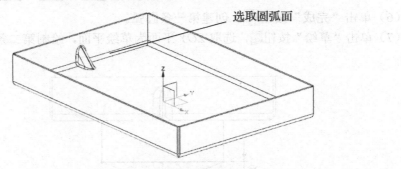

图 2-57　创建加固板特征

（4）采用相同的方法，在其余 3 个侧面创建加固板特征。

2.4.6　实体冲压

（1）在横向菜单中先单击"应用模块"命令，再单击"建模"按钮，进入建模环境。

（2）先单击"拉伸"按钮 ，在【拉伸】对话框中再单击"绘制截面"按钮 ；以零件底面为草绘平面,绘制一个截面(92mm×54mm),如图 2-58 所示。

(3)单击"完成"按钮 ,在【拉伸】对话框中"指定矢量"选"–ZC↓" ;把"开始距离"设为 0,"结束距离"设为 20mm,对"布尔"选"无" 。

(4)单击"确定"按钮,创建一个拉伸特征,按鼠标中键翻转后如图 2-59 所示。

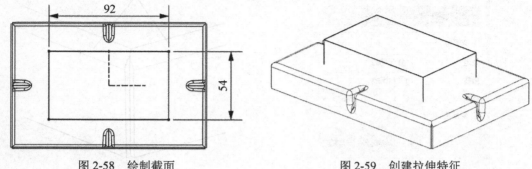

图 2-58　绘制截面

图 2-59　创建拉伸特征

(5)单击"草绘"按钮 ,选取 *ZOX* 平面为草绘平面,绘制一条圆弧,如图 2-60 所示。

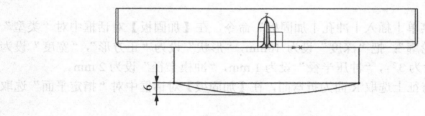

图 2-60　绘制第一条圆弧

(6)单击"完成"按钮 ,创建第一条圆弧。

(7)单击"草绘"按钮 ,选取 *ZOY* 平面为草绘平面,绘制第二条圆弧,如图 2-61 所示。

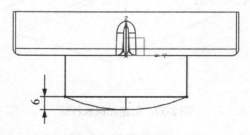

图 2-61　绘制第二条圆弧

(8)单击"完成"按钮 ,创建第二条圆弧。

(9)选取"菜单 | 插入 | 扫掠 | 扫掠"命令,选取第一条曲线为截面曲线,第二条曲线为引导曲线。在【扫掠】对话框中对"截面位置"选取"沿引导线任何位置"。

(10)单击"确定"按钮,创建扫掠曲面,如图 2-62 所示。

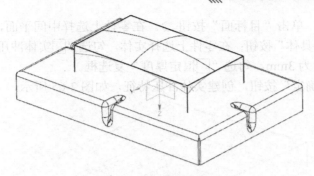

图 2-62　创建扫掠曲面

（11）选取"菜单｜插入｜同步建模｜替换面"命令，选取长方体的底面为"要替换的面"，扫掠曲面为"替换的面"。

（12）单击"确定"按钮，创建替换特征，如图 2-63 所示。

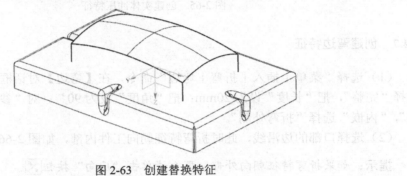

图 2-63　创建替换特征

（13）按住组合键 Ctrl+W，在【显示和隐藏】对话框中单击"片体"和"草图"所对应的"—"，隐藏曲面和草绘曲线。

（14）选取"菜单｜插入｜细节特征｜边倒圆"命令，创建倒圆角特征（R5mm），如图 2-64 所示。

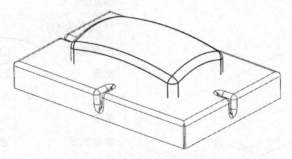

图 2-64　创建倒圆角特征

（15）在横向菜单"应用模块"，单击"钣金"按钮，系统进入钣金设计模式。

（16）在主菜单中选取"插入｜冲孔｜实体冲压"，在【实体冲压】对话框中对"类型"选择"冲压",单击"目标面"按钮 ⬡。在零件上选择中间平面,在【实体冲压】对话框中单击"工具体"按钮;在零件上选择实体,勾选"☑实体冲压边倒圆"复选框,把"冲模半径"设为3mm,勾选"☑恒定厚度"复选框。

(17)单击"确定"按钮,创建实体冲压特征,如图2-65所示。

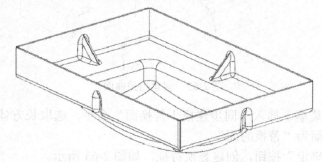

图 2-65　创建实体冲压特征

2.4.7　创建弯边特征

(1)选择"菜单 | 插入 | 折弯 | 弯边"命令,在【弯边】对话框中对"宽度选项"选择"完整",把"长度"设为20mm;把"角度"设为90°;对"参考长度"选择"外侧","内嵌"选择"折弯外侧"。

(2)选择口部的边沿线,此时折弯特征朝向工件内部,如图2-66所示。

提示:如果折弯特征朝向外部,那么请单击"反向"按钮 ⊠。

(3)在【弯边】对话框中将"宽度选项"选择"在中心",将"宽度"设为25mm,如图2-67所示。

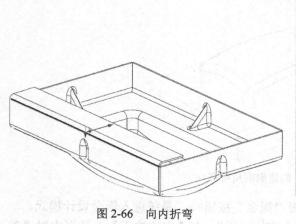

图 2-66　向内折弯

图 2-67　将"宽度选项"选择"在中心"

（4）单击"确定"按钮，创建弯边特征，如图 2-68 所示。

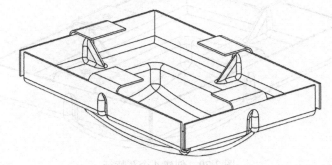

图 2-68　创建弯边特征

2.4.8　创建埋头孔特征

（1）选择"菜单｜插入｜设计特征｜孔"命令，在【孔】对话框中单击"绘制截面"按钮 。

（2）在【创建草图】对话框中"草图类型"选择"在平面上"，"平面方法"选择"新平面"，选择弯边特征的上表面作为草绘平面，"参考"选择"水平"，选择 X 轴作为水平参考。

（3）将"原点方法"设为"使用工作部件原点"。

（4）单击"确定"按钮，进入草绘模式，基准坐标系与工件坐标系对齐。

（5）单击"点"按钮，绘制 4 个点，分别与 X、Y 轴对齐，如图 2-69 所示。

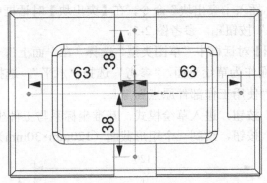

图 2-69　绘制 4 个点

（6）单击"完成"按钮 ，在【孔】对话框中对"类型"选择"常规孔"，"孔方向"选择"垂直于面"，"形状"选择"简单孔"，把"直径"设为 5mm；对"深度限制"选择"值"，把"深度"设为 2mm，对"布尔"选择" 减去"。

（7）单击"确定"按钮，创建 4 个孔特征，如图 2-70 所示。

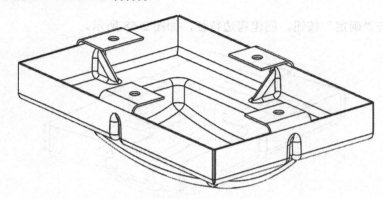

图 2-70　创建 4 个孔特征

（9）单击"保存"按钮📟，保存文档。

2.5　支　　架

（1）创建新文件，把文件命名为"zhijia.prt"。

（2）选取"菜单｜首选项｜钣金"命令，在【钣金首选项】对话框中选中"部件属性"选项；把"材料厚度"设为 1.0mm，"折弯半径"设为 2.0mm，"让位槽深度"设为 3.0mm，"让位槽宽度"设为 2.0mm，"◉中性因子值"设为 0.33。

2.5.1　创建基础材料

（1）选取"菜单｜插入｜突出块"命令，在【突出块】对话框中对"类型"选择"底数"。单击"绘制截面"按钮🖼，参考图 2-5。

（2）在【创建草图】对话框中"草图类型"选择"在平面上"，"平面方法"选择"新平面"，选择 XOY 平面作为草绘平面，"参考"选择"水平"，选择 X 轴作为水平参考，将"原点方法"设为"使用工作部件原点"。

（3）单击"确定"按钮，进入草绘模式，基准坐标系与工件坐标系对齐。

（4）单击"矩形"按钮，绘制一个矩形截面（120mm×30mm），如图 2-71 所示。

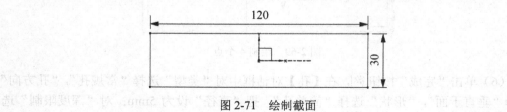

图 2-71　绘制截面

（5）先单击"完成"按钮🖼，再单击"确定"按钮，创建突出块特征。在工作区上方单击"正三轴测图"按钮🍳，切换视图后如图 2-72 所示。

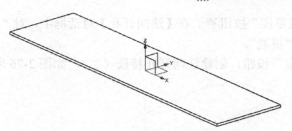

图 2-72 创建突出块特征

2.5.2 创建法向开孔特征一

（1）选取"菜单｜插入｜切割｜法向开孔"命令，在【法向开孔】对话框中单击"绘制截面"按钮。选取 *XOY* 平面作为草绘平面，绘制一个截面，如图 2-73 所示。

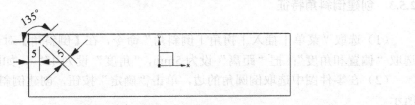

图 2-73 绘制一个截面

（2）单击"完成草图"按钮，在【法向开孔】对话框中，对"切割方法"选择"厚度"，"限制"选择"贯通"。

（3）单击"确定"按钮，创建法向开孔特征（一），如图 2-74 所示。

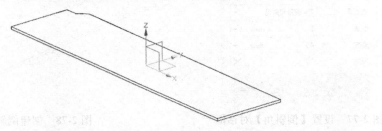

图 2-74 创建法向开孔特征（一）

（4）选取"菜单｜插入｜切割｜法向开孔"命令，在【法向开孔】对话框中单击"绘制截面"按钮。选取 *XOY* 平面作为草绘平面，绘制另一个截面，如图 2-75 所示。

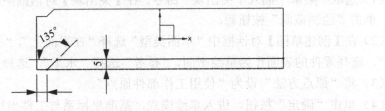

图 2-75 绘制另一个截面

53

（5）单击"完成草图"按钮 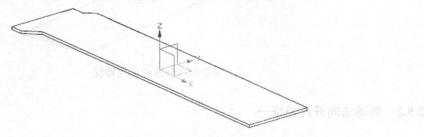，在【法向开孔】对话框中，对"切割方法"选择"厚度"，"限制"选择"贯通"。

（6）单击"确定"按钮，创建法向开孔特征（二），如图 2-76 所示。

图 2-76　创建法向开孔特征（二）

2.5.3　创建倒斜角特征

（1）选取"菜单｜插入｜拐角｜倒斜角"命令，在【倒斜角】对话框中对"横截面"选取"偏置和角度"；把"距离"设为5mm，"角度"设为45°，如图 2-77 所示。

（2）在零件图中选取倒圆角的边，单击"确定"按钮，创建倒斜角特征，如图 2-78 所示。

图 2-77　设置【倒斜角】对话框

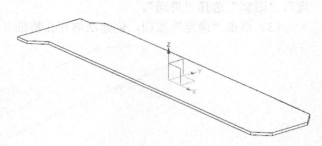

图 2-78　创建倒斜角特征

2.5.4　创建次要突出块特征

（1）选取"菜单｜插入｜突出块"命令，在【突出块】对话框中对"类型"选择"次要"，单击"绘制截面"按钮 。

（2）在【创建草图】对话框中"草图类型"选择"在平面上"，"平面方法"选择"新平面"，选择零件的表面作为草绘平面，"参考"选择"水平"，选择 X 轴作为水平参考。

（3）将"原点方法"设为"使用工作部件原点"。

（4）单击"确定"按钮，进入草绘模式，基准坐标系与工件坐标系对齐。

（5）以零件右端的边线为宽边，长度设为 10mm，绘制矩形截面，如图 2-79 所示。

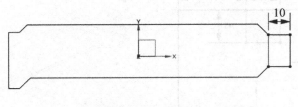

图 2-79　绘制矩形截面

（6）先单击"完成"按钮 ，再单击"确定"按钮，创建次要突出块特征，如图 2-80 所示。

2.5.5　创建弯边特征

（1）选取"菜单｜插入｜折弯｜弯边"命令，在【弯边】对话框中对"宽度选项"选择"完整"，把"长度"设为 18mm；对"匹配面"选择"无"，把"角度"设为 90°；对"参考长度"选择"外侧"，"内嵌"选择"折弯外侧"。

（2）选取左端的边沿线，此时折弯特征朝向工件，方向向上，如图 2-81 所示。

提示：如果折弯特征朝向下，那么单击"反向"按钮 。

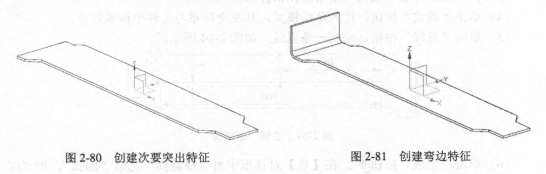

图 2-80　创建次要突出特征　　　　　　　图 2-81　创建弯边特征

2.5.6　创建法向开孔特征二

（1）选取"菜单｜插入｜切割｜法向开孔"命令，在【法向开孔】对话框中单击"绘制截面"按钮 。选取 ZOY 平面作为草绘平面，以 Y 轴为水平参考，绘制两个矩形截面，如图 2-82 所示。

（2）单击"完成草图"按钮 ，在【法向开孔】对话框中，对"切割方法"选择"厚度"，"限制"选择"贯通"。

（3）单击"确定"按钮，创建法向开孔特征，如图 2-83 所示。

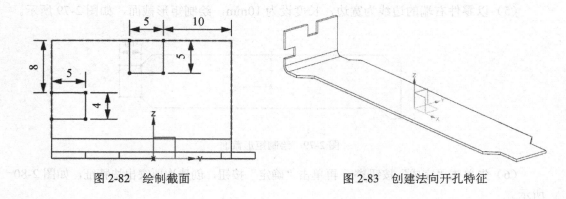

图 2-82　绘制截面　　　　　　　　图 2-83　创建法向开孔特征

2.5.7　创建筋特征

（1）选取"菜单｜插入｜冲孔｜筋"命令，在【筋】对话框中单击"绘制截面"按钮。

（2）在【创建草图】对话框中"草图类型"选择"在平面上"，"平面方法"选择"新平面"，选择零件的表面作为草绘平面，"参考"选择"水平"，选择 X 轴作为水平参考。

（3）将"原点方法"设为"使用工作部件原点"。

（4）单击"确定"按钮，进入草绘模式，基准坐标系与工件坐标系对齐。

（5）单击"直线"按钮，绘制一条直线，如图 2-84 所示。

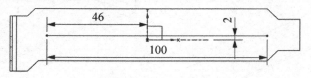

图 2-84　绘制一条直线

（6）单击"完成"按钮，在【筋】对话框中对"横截面"选取"圆弧"，把"深度"设为 2mm，"半径"设为 3mm，"角度"设为 45°；对"端部条件"选取"成形的"，勾选"筋边导圆"复选框，把"冲模半径"设为 2mm。

（7）单击"确定"按钮，创建筋特征，如图 2-85 所示。

2.5.8　创建折边弯边特征

（1）选取"菜单｜插入｜折弯｜折边弯边"命令，在【折边】对话框中对"类型"选取"开放的"，"内嵌"选取"折弯外侧"；把"折弯半径"设为 2mm，"弯边长度"设为 10mm。

（2）选取右端上方的边线，创建折边弯边特征，如图 2-86 所示。

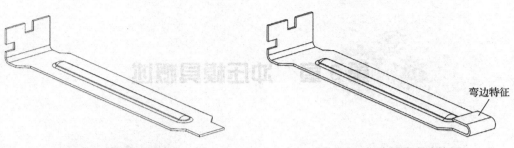

图 2-85   创建筋特征   图 2-86   创建折边弯边特征

（3）单击"保存"按钮，保存文档。

第3章　冲压模具概述

3.1　公　　差

3.1.1　公差基本概念

尺寸公差简称公差，指允许的最大极限尺寸与最小极限尺寸之差，或者是允许的上偏差与下偏差之差。在基本尺寸相同的情况下，尺寸公差越小，尺寸精度越高。

下面简单介绍尺寸公差的几个基本术语。

3.1.2　公差术语

（1）基本尺寸：设计时给定的尺寸称为基本尺寸。

（2）实际尺寸：零件加工后经测量所得到的尺寸称为实际尺寸。

（3）极限尺寸：实际尺寸允许变化的两个界限值称为极限尺寸，它以基本尺寸为基础来确定。两个极限值中较大的一个称为最大极限尺寸，较小的一个称为最小极限尺寸。

（4）尺寸偏差：零件的实际尺寸减去基本尺寸所得的代数差称为尺寸偏差，简称偏差，即

$$尺寸偏差=实际尺寸-基本尺寸$$

（5）上偏差：最大极限尺寸减去基本尺寸所得的代数差称为上偏差。

（6）下偏差：最小极限尺寸减去基本尺寸所得的代数差称为下偏差。

（7）极限偏差：上偏差和下偏差统称为极限偏差。若上偏差与下偏差互为相反数，则称为对称偏差（偏差值可以为正、负或零值）。

以图 3-1 为例，详细介绍尺寸公差的基本术语。

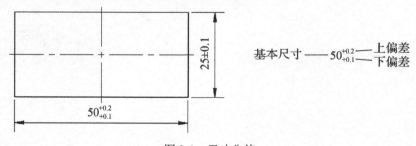

图 3-1　尺寸公差

$50^{+0.2}_{+0.1}$ 的公差为

$$上偏差-下偏差=+0.2-（+0.1）=0.1mm$$

$25±0.1$ 的公差为

$$上偏差-下偏差=+0.1-（-0.1）=0.2mm$$

尺寸公差也可以用极限偏差的形式表示。所谓极限偏差是指极限尺寸减去基本尺寸所得的代数值，即最大极限尺寸或最小极限尺寸减基本尺寸所得的代数差，分别为上偏差和下偏差。

以 $50^{+0.2}_{+0.1}$ 为例说明其的极限偏差。

$$上偏差：最大极限尺寸-基本尺寸=50.2-50=+0.2mm$$

$$下偏差：最小极限尺寸-基本尺寸=50.1-50=+0.1mm$$

以 $25±0.1$ 为例说明其的极限偏差。

$$上偏差：最大极限尺寸-基本尺寸=25.1-25=+0.2mm$$

$$下偏差：最小极限尺寸-基本尺寸=24.9-25=-0.1mm$$

其中，$50^{+0.2}_{+0.1}$ 称为极限偏差，$25±0.1$ 称为对称偏差。

（8）公差的等级。公差的等级分为 IT01，IT0，IT1，IT2，…，IT18 共 20 级，等级依次降低，公差值依次增大，IT 表示国际公差。

3.2　轧　　钢

1. 轧钢工艺

轧钢工艺指用机器设备把钢坯用滚压或挤压的形式，压成一定形状的钢材。

2. 热板

热板又称为热轧薄钢板、热轧板，它是用连铸板坯或初轧板坯作为原料，经步进式加热炉加热，高压水除鳞（毛刺）后进入粗轧机。粗轧料被切头切尾后、再进入精轧机，最终轧成板。

3. 冷板

冷板指冷轧薄钢板，是普通碳素结构钢冷轧板的简称。它是由普通碳素结构钢热轧钢带在室温下（在再结晶温度以下）进行轧制而成的，并且经过进一步冷轧制成厚度小于 4mm 的钢板。由于在常温下轧制，不产生氧化铁皮，因此，冷板表面质量好，尺寸精度高。此外，受过退火处理，其力学性能和工艺性能都优于热轧薄钢板。在许多领域里，特别是家电制造领域，已逐渐用冷板取代热轧薄钢板。

常用的家用电器如电风扇的风扇叶、电冰箱的外壳、汽车的外壳、计算机的主机箱等，都是由冷板经冲压模具加工而成的。

4. 热板与冷板的区别

（1）热轧钢板的热轧温度较高，与锻造温度相近；冷轧钢板是用热轧钢板作为原材料在室温下进行冷轧而成的。

（2）冷板采用冷轧加工，表面无氧化皮，质量好；热轧钢板采用热轧加工，表面有氧化皮，质量不如冷板。

（3）热轧钢板的韧性和表面平整性差，价格较低，而冷轧板的伸展性好，有韧性，但是价格较贵。

（4）没电镀过的热轧钢板表面呈黑褐色，没电镀过的冷轧板表面是灰色的，电镀后可从表面的光滑程度来区分，冷轧板的光滑度高于热轧钢板。

3.3 冲 压 模 具

3.3.1 冲压模具的基本知识

（1）冲压指在室温下，利用安装在压力机上（见图 3-1）的冲压模具对材料施加压力，使材料产生分离或塑性变形，从而获得所需零件的一种加工方法。

（2）冲压模具。是指通过压力机（如冲床或油压机）对材料（金属或非金属）施加压力，使之产生分离或塑性变形，并将材料加工成零件（或半成品）的一种特殊工艺装备，称为冲压模具（俗称冷冲模），如图 3-2 所示。

图 3-1 压力机

图 3-2 冲压模具

3.3.2 冲压模具的分类

1. 按工序模分类

一般情况下，一个钣金零件不能一次就加工成形，需要经过多道工序加工之后，才能加工出合格的成品。每道工序所使用的模具称为工序模。工序模可以分为很多类，包括开料、落料、冲孔、折弯、翻边、成形、切断、修边等。

不同的产品所用的工序模有可能不相同。如图 3-3 所示的零件不能一次就加工成形，至少需要 4 道工序才能加工出合格的零件。4 道工序依次为开料、落料、冲孔、折弯，各工序的作用见表 3-1。

图 3-3 零件图

表 3-1 加工工序模

工序模	作 用	图 示
开料	用剪板机或开料模具将卷料按尺寸要求切割成一件一件的坯料	坯料
落料	用落料工序模将坯料上加工成一件一件的小材料，这些小材料用来进一步加工	放大图
冲孔	用冲孔工序模在落料件上冲孔	
折弯	用折弯工序模在冲孔件上加工而成	

2. 按工艺性质分类

据工艺性质分类，分为冲裁模具、弯曲模具、拉深模具和成形模具。

冲裁模具：沿封闭或敞开的轮廓线使材料产生分离的模具，如落料模、冲孔模、切断模、切口模、切边模和剖切模等。

弯曲模具：使板料毛坯或其他坯料沿着直线（弯曲线）产生弯曲变形，从而获得一定角度和形状的工件所使用的模具，如图 3-1 中的折弯模。

拉深模具：把板料毛坯制成开口空心件或使空心件进一步改变形状和尺寸的模具，如电饭煲内胆、铁饭盒等都是由拉深模具制造而成的。

成形模具：加工外表面由曲面组成的零件时，使材料本身仅产生局部塑性变形而生成曲面所用的模具。如炒菜的锅、汤匙等是由成形模具制造而成的。

3. 按产品的加工方法分类

依产品加工方法的不同，可将模具分成冲剪模具、弯曲模具、抽制模具、成形模具和压缩模具五大类。

冲剪模具：以剪切作用完成工作，常用的有剪断冲模、下料冲模、冲孔冲模、修边冲模、整缘冲模、拉孔冲模和冲切模具。

弯曲模具：将平整的毛坯弯成一个角度的形状，视零件的形状、精度及生产量的多寡，有多种不同形式的模具，如普通弯曲冲模、凸轮弯曲冲模、卷边冲模、圆弧弯曲冲模、折弯冲缝冲模和扭曲冲模等。

抽制模具：能把平面毛坯制成有底无缝容器的模具。

成形模具：用各种局部变形的方法来改变毛坯的形状，其形式有凸张成形冲模、卷缘成形冲模、颈缩成形冲模、孔凸缘成形冲模和圆缘成形冲模。

压缩模具：利用强大的压力，使金属毛坯流动变形，成为所需的形状，其种类有挤制冲模、压花冲模、压印冲模和端压冲模。

4. 按工序组合程度分类

根据工序组合程度分类，可将模具分成单工序模、级进模和复合模三大类。

单工序模：加工一个零件的整套冲压模，由不同的工序模组成，每个工序模只能加工一个工序，这类模具称为单工序模。

级进模（也称为连续模）：在毛坯的送料方向上，依次排列同一产品所有的工序模，在压力机的一次行程中，不同工位上的工序模同时作业。压力机完成一次行程后，毛坯料在送料机的作用下，自动前进一个工位，然后压力机再进行下一次行程，如此周而复始。

复合模：在压力机（冲床）的一个工作行程中，模具的同一部位能同时完成数道冲压工序（可以是落料、冲孔、折弯、拉伸、成形等）的模具。这种模具不仅能减少工作时间，还能减少半成品的周转环节，节省周转时间。

3.3.3 级进模

级进模（也称为连续模、连冲模）是由多个工位组成，各工位按顺序关联完成不同的加工，在冲床的一次行程中完成一系列的不同的冲压加工。一次行程完成以后，由冲床送料机按照一个固定的步距将材料向前移动，这样在一副模具上就可以完成多个工序，一般有冲孔、落料、折弯、切边和拉伸等。

以一个简单的零件为例，简单叙述级进模的加工方式。级进模在加工的开始阶段，如图 3-4 所示，加工的步骤如下。

步骤 1：材料在自动送料机的输送下到达指定位置后，自动送料机停止送料，并向压力机发出脉冲信号。

步骤 2：压力机收到脉冲信号后，进行第一次行程，在冲孔位置冲出 3 个小孔，图 3-4 中（a）位置所示。

步骤 3：材料在自动送料机的作用下前进一个工位后，自动送料机停止送料，并向压力机发出脉冲信号。

步骤 4：压力机收到脉冲信号后，再进行一次行程，在材料新的位置冲出 3 个小孔，同时加工（b）位置的槽。

步骤 5：材料在自动送料机的作用下前进一个工位后，自动送料机停止送料，并向压力机发出脉冲信号。

步骤 6：压力机收到脉冲信号后，再进行一次行程，在材料新的位置冲出 3 个小孔。同时加工（b）位置的槽，在（c）位置折弯产品。

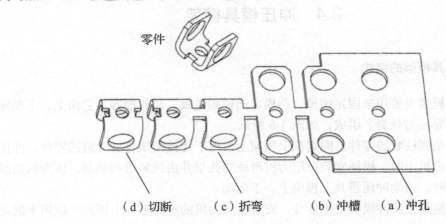

图 3-4 级进模的加工步骤

步骤 7：材料在自动送料机的作用下前进一个工位后，自动送料机停止送料并向压力机发出脉冲信号。

步骤 8：压力机收到脉冲信号后，再进行一次行程，在材料新的位置冲出 3 个小孔。同时加工（b）位置，在（c）位置折弯产品，在（d）位置切断材料，使产品分离。

步骤 9：重复步骤 9 和步骤 10，如此周而复始。

3.3.4 复合模

复合模是指压力机在一次行程中，完成落料、冲孔等多个工序的一种模具结构。如图 3-5 所示的零件，若用单工序模加工这个产品，则应把这套模具分为落料模和冲孔模，先用落料模加工 80mm×30mm 的长方形材料，再用冲孔模在长方形材料上加工两个圆孔。因此，至少需要两道工序才能加工出这个零件。若用复合模加工这个产品，则应把落料模与冲孔模放在同一套模具上，一次性完成落料与冲孔。可见，使用复合模可以成倍地提高生产效率。当冲压工件的尺寸精度或同轴度、对称度等位置精度要求较高时，应考虑采用复合模。但复合模的制造成本高，而且在工作过程中模具容易出现故障，维修成本高且难度大。因此，对于是否使用复合模加工零件，应从各方面综合考虑。

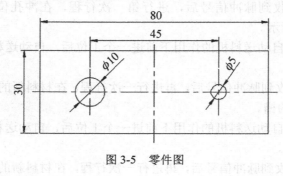

图 3-5　零件图

3.4　冲压模具模架

3.4.1　冲压模具模架的结构

冲压模具模架主要用来固定凹模、凸模、凸模固定板、卸料板等，它由上、下模座及导向装置（导柱与导套）组成，如图 3-6 所示。

（1）模柄是圆柱状的零件，固定在上模座上，用于连接模架与压力机的零件。冲压模具安装在压力机上时，模柄安装在压力机滑块的孔里并由锁紧机构锁紧。压力机的滑块上、下运动时，带动冲压模具上模座上、下运动。

（2）上模座是整副冲模的上半部分，安装在压力机的滑块上，上模座一般用来固定型芯的基座。

（3）导套安装在上模座，其作用与导柱一起引导上模与下模以正确位置对合。

（4）导柱安装在下模座，其作用与导套一起引导上模与下模以正确位置对合。

（5）下模座是整副冲模的下半部，即安装于压力机工作台面上的冲模部分。下模座一般用来固定卸料板、导料板、型腔等模具零件。

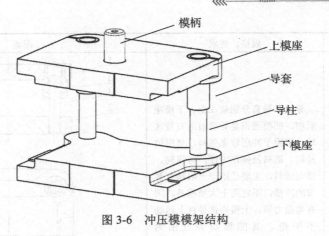

图 3-6 冲压模模架结构

3.4.2 冲压模具模架的分类

（1）按照上、下模座材料性质分为铸铁模架与钢板模架两种，关于铸铁模架的国标为 GB/T 2851.1—2851.7 和 GB/T 2852.1—2852.4，上、下模座材料为灰铸铁 HT200（GB/T 9439）；钢板模架的国标为 JB/T 7181.1—7181.4 和 JB/T 7182.1—7182.4），上、下模座用 45#钢（GB/T 699）和 Q235-A 钢（GB/T 700）制造。

（2）按照导柱的安装位置及导柱数量，可以分为对角导柱模架、后侧导柱模架、后侧导柱窄形模架、中间导柱模架、中间导柱圆形模架、四导柱模架等，上述模具都有不同的国家标准，见表 3-2。

表 3-2 冲压模架的分类

模架类型	规格、要求	图案
对角导柱模架 GB/T 2851.1－2008	在凹模表面的对角中心线上，装有前、后导柱，其有效区在毛坯进给方向的导套间。受力平衡，上模座在导柱上运动平稳。适用于纵向或横向送料，使用面宽，常用于级进模或复合模。其凹模周界范围为 63mm×50mm～500mm×500mm	

续表

模架类型	规格、要求	图案
后侧导柱模架 GB/T 2851.3－2008	导柱和导套分别装在上、下模座后侧，凹模面积是导套前的有效区域。可用于冲压较宽条料，可用边角料。送料及操作方便，可纵向、横向送料。主要适用于一般精度要求的冲模，不宜用于大型模具，因有弯曲力矩，上模座在导柱上运动不平稳。其凹模周界范围为 63mm×50mm～400mm×250mm	
后侧导柱窄形模架 GB/T 2852.4－2008	主要用于窄长零件和特殊冲压工艺的冲模。其凹模周界范围为 250mm×80mm～800mm×200mm	
中间导柱模架 GB/T 2851.5－2008	其凹模表面是导套间的有效区域，仅适用于横向送料，常用于弯曲模或复合模。具有导向精度高、上模座在导柱上、运动平稳的特点。其凹模周界范围为 63mm× 50mm～500mm×500mm	

66

模架类型	规格、要求	图案
中间导柱圆形模架 GB/T 2851.6－2008	常用于电机冲模或用于冲压圆形制件的冲模。其凹模周界范围为 63mm×100mm～630mm×380mm	
四导柱模架 GB/T 2851.7－2008	模架受力平衡，导向精度高，适用于大型制件、要求精度很高的冲模，以及大批量生产的自动冲压生产线上的冲模。其凹模周界范围为 160mm×250mm～630mm×400mm	

第4章 UG 冲压模具模架设计

我国模具标准化委员会对冲压模具的零件、配件制定了详细的标准，目的是为了加深学生对冲压模模架的认识。本章按照国家标准（GB/T 2851－2008 和 GB/T 2861－2008），以 250mm×160mm 后侧导柱模架为例，详细介绍冲压模模架配件（上模座、下模座、模柄、导柱、导套）的结构。

4.1 上 模 座

为了加深对冲压模模架各参数的认识，在创建上模座实体时，所用的步骤分得比较详细。

（1）启动 NX 12.0，单击"新建"按钮。在【新建】对话框中对"单位"选择"毫米"，选取"模型"模板，把"名称"设为"上模座.prt"。

（2）创建凹模周界。

步骤1：单击"拉伸"按钮，在【拉伸】对话框中单击"绘制截面"按钮；选取 *XOY* 平面为草绘平面，*X* 轴为水平参考线，绘制一个矩形截面（250mm×160mm），如图 4-1 所示。

步骤2：单击"完成"按钮，在【拉伸】对话框中对"指定矢量"选取"ZC↑"选项；把"开始距离"设为 0，"结束距离"设为 45mm，"布尔"选取"无"。

步骤3：单击"确定"按钮，创建一个长方体，如图 4-2 所示。

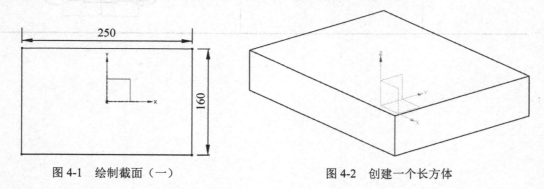

图 4-1 绘制截面（一）　　　　　　图 4-2 创建一个长方体

（3）创建模面。

步骤1：先单击"拉伸"按钮，在【拉伸】对话框中再单击"绘制截面"按钮；

选取 *XOY* 平面为草绘平面，以 *X* 轴为水平参考线，绘制两个圆形截面（ϕ90mm），如图 4-3 所示。

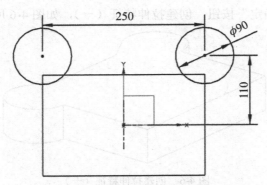

图 4-3　绘制两个圆形截面

步骤 2：单击"完成"按钮，在【拉伸】对话框中对"指定矢量"选取"ZC↑"选项，把"开始距离"设为 0，"结束距离"设为 45mm，对"布尔"选取"求和"。

步骤 3：单击"确定"按钮，创建两个圆柱，如图 4-4 所示。

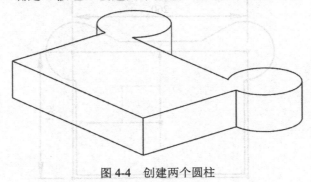

图 4-4　创建两个圆柱

步骤 4：先单击"拉伸"按钮，在【拉伸】对话框中再单击"绘制截面"按钮；选取 *XOY* 平面为草绘平面，以 *X* 轴为水平参考线，绘制一个截面，如图 4-5 所示。

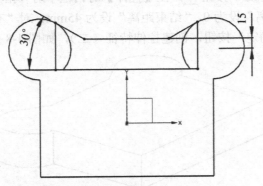

图 4-5　绘制截面（二）

步骤5：单击"完成"按钮，在【拉伸】对话框中对"指定矢量"选取"ZC↑"选项；把"开始距离"设为0，"结束距离"设为45mm，对"布尔"选取"求和"。

步骤6：单击"确定"按钮，创建拉伸特征（一），如图4-6所示。

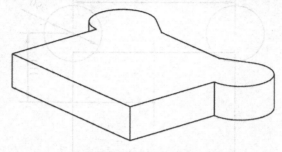

图4-6　创建拉伸特征（一）

步骤7：单击"拉伸"按钮，在【拉伸】对话框中单击"绘制截面"按钮，选取 XOY 平面为草绘平面，以 X 轴为水平参考线，绘制一个截面（比凹模周界的尺寸稍大），如图4-7所示。

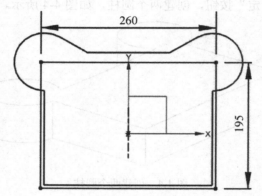

图4-7　绘制截面（二）

步骤8：单击"完成"按钮，在【拉伸】对话框中对"指定矢量"选取"ZC↑"选项；把"开始距离"设为0，"结束距离"设为45mm，对"布尔"选取"求和"。

步骤9：单击"确定"按钮，创建拉伸特征（二），如图4-8所示。

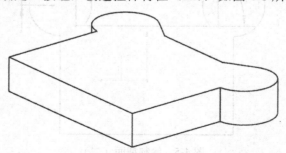

图4-8　创建拉伸特征（二）

步骤 10：单击"拉伸"按钮 ▥▮，在【拉伸】对话框中单击"绘制截面"按钮 ▦；选取 *XOY* 平面为草绘平面，以 *X* 轴为水平参考线，绘制一个截面（四），如图 4-9 所示。

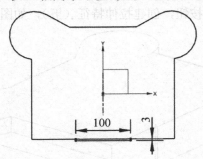

图 4-9　绘制截面（四）

步骤 11：单击"完成"按钮 ▨，在【拉伸】对话框中"指定矢量"选取"ZC↑"选项 ᶻᶜ↑；把"开始距离"设为 0，"结束距离"设为 45mm，对"布尔"选取"▮求和"。

步骤 12：单击"确定"按钮，创建拉伸特征（四），如图 4-10 所示。

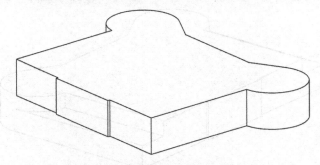

图 4-10　创建拉伸特征（四）

（4）创建码铁位。

步骤 1：单击"拉伸"按钮 ▥▮，在【拉伸】对话框中单击"绘制截面"按钮 ▦；选取 *XOY* 平面为草绘平面，以 *X* 轴为水平参考线，绘制一个截面（五），如图 4-11 所示。

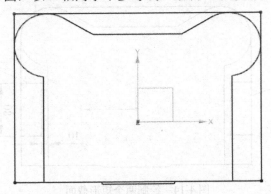

图 4-11　绘制截面（五）

步骤2：单击"完成"按钮，在【拉伸】对话框中对"指定矢量"选取"ZC↑"按钮；把"开始距离"设为0，"结束距离"设为30mm，对"布尔"选取"求和"。

步骤3：单击"确定"按钮，创建拉伸特征（五），如图4-12所示。

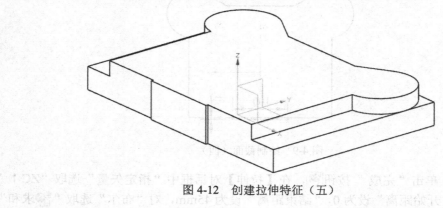

图4-12　创建拉伸特征（五）

步骤4：单击"边倒圆"，创建两个边倒圆特征（R45mm），如图4-13所示。

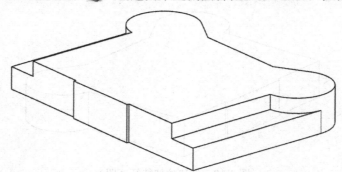

图4-13　创建两个边倒圆特征

步骤5：单击"拉伸"按钮，在【拉伸】对话框中单击"绘制截面"按钮。选取XOY平面为草绘平面，以X轴为水平参考线，绘制两个矩形截面，如图4-14所示。

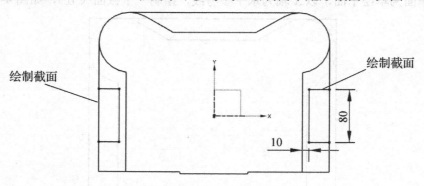

图4-14　绘制两个矩形截面

步骤 6：单击"完成"按钮 ，在【拉伸】对话框中对"指定矢量"选取"ZC↑"按钮 ；把"开始距离"设为 0，"结束距离"设为 33mm，对"布尔"选取" 求和"。

步骤 7：单击"确定"按钮，创建拉伸特征（六），如图 4-15 所示。

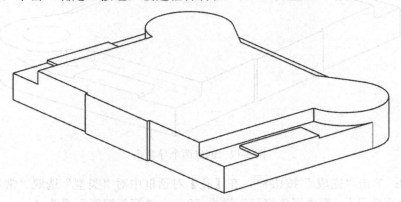

图 4-15　创建拉伸特征（六）

步骤 8：单击"边倒圆"按钮，创建边倒圆特征，如图 4-16 所示。

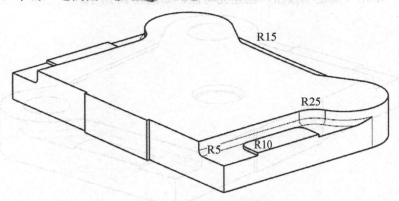

图 4-16　创建边倒圆特征

（5）创建导套孔。

步骤 1：选取"菜单｜插入｜设计特征｜圆柱体"命令，在【圆柱】对话框中对"类型"选取"轴、直径和高度"选项 ，"指定矢量"选取"–ZC↓"按钮 ，"指定点"选取" 圆弧中心/椭圆中心/球心"；把"直径"设为 φ50mm，"高度"设为 50mm，对"布尔"选取" 减去"。

步骤 2：在上表面上选取两个圆弧的圆心，创建两个导套孔，如图 4-17 所示。

（6）创建模柄孔。

步骤 1：选取"菜单｜插入｜设计特征｜孔"命令，在【孔】对话框中单击"绘制截面"按钮 ；选取工件上表面为草绘平面，以 X 轴为水平参考线，在（0,0,0）处绘制一个点。

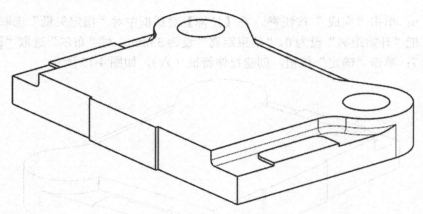

图 4-17　创建两个导套孔

步骤 2： 单击"完成"按钮，在【孔】对话框中对"类型"选取"常规孔"，"形状"选取"沉头孔"；把"沉头直径"设为 50mm，"沉头深度"设为 6mm，"直径"设为 ϕ43mm；对"深度限制"选取"贯通体"，"布尔"选取"减去"。

步骤 3： 单击"确定"按钮，创建孔特征，如图 4-18 所示。

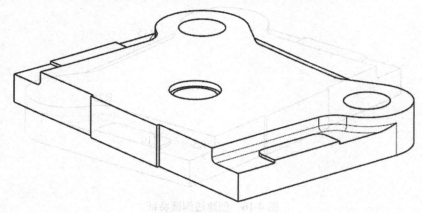

图 4-18　创建孔特征

（7）创建油槽。

油槽的作用是方便给长时间工作的模具加油的小孔。

步骤 1： 选取"菜单|插入|设计特征|圆柱体"命令，在【圆柱】对话框中对"类型"选取"轴、直径和高度"选项，"指定矢量"选取"XC↑"按钮，"指定点"选取"圆弧中心/椭圆中心/球心"；把"直径"设为 ϕ5mm，"高度"设为 100mm，"布尔"选取"减去"。

步骤 2： 按住鼠标中键，翻转实体后，选取左边的导套孔的边线，创建一条小槽。

步骤 3： 采用相同的方法，创建另一条小槽，如图 4-19 所示。

（8）单击"保存"按钮，保存文档。

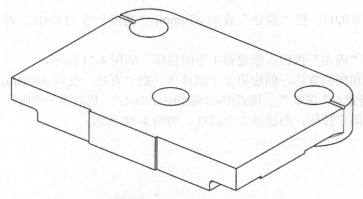

图 4-19　创建另一条小槽（两个半圆柱缺口）

4.2　下　模　座

（1）启动 NX 12.0，单击"新建"按钮□。在【新建】对话框中对"单位"选择"毫米"，选取"模型"模板，把"名称"设为"下模座.prt"。

（2）按照创建上模座的步骤，创建下模座，下模座的厚度为 50mm。两个导柱孔的直径为 $\phi32mm$，厚度为 50mm，没有模柄孔，其他尺寸与上模座相同，如图 4-20 所示。

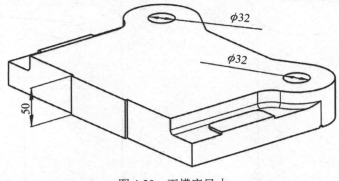

图 4-20　下模座尺寸

（3）单击"保存"按钮□，保存文档。

4.3　模　　柄

（1）启动 NX 12.0，单击"新建"按钮□，在【新建】对话框中对"单位"选择"毫米"，选取"模型"模板，把"名称"设为"模柄.prt"。

（2）选取"菜单｜插入｜设计特征｜圆柱体"命令，在【圆柱】对话框中对"类型"选取"轴、直径和高度"选项□ 轴、直径和高度，"指定矢量"选取"ZC↑"选项ZC↑，"指定点"选取（0,0,0）；把"直径"设为φ50mm，"高度"设为6mm，对"布尔"选取"🖰无"。

（3）单击"确定"按钮，创建第1个圆柱体，如图4-21所示。

（4）采用相同的方法，创建第2个圆柱体（把"直径"设为φ40mm，"高度"设为2mm）；对"指定点"选取"⊙圆弧中心/椭圆中心/球心"，选取第一个圆柱上表面的圆心。

（5）单击确定按钮，创建第2个圆柱，如图4-22所示。

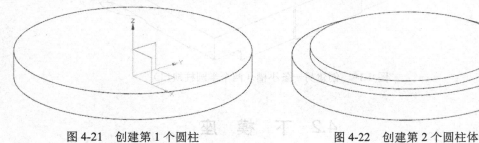

图4-21　创建第1个圆柱　　　　　图4-22　创建第2个圆柱体

（6）采用相同的方法，创建第3个圆柱体（把"直径"设为φ42mm，"高度"设为27mm），第4个圆柱体（把"直径"设为φ40mm，"高度"设为70mm），如图4-23所示。

（7）采用相同的方法，创建第5个圆柱特征（把"直径"设为φ11mm，"高度"设为105mm，对"布尔"选取"🖰减去"），创建模柄中心孔，如图4-24所示。

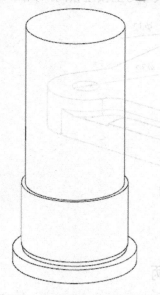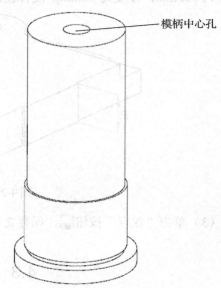

模柄中心孔

图4-23　创建第3、4个圆柱体　　　　　图4-24　创建模柄中心孔

（8）采用相同的方法，创建第6个圆柱特征（把"直径"设为φ6mm，"高度"设为6mm）。对"布尔"选取"🖰减去"，把"中心点"设为（25,0,0），创建配合孔，如图4-25所示。

（9）选取"菜单｜插入｜细节特征｜倒斜角"命令，创建倒斜角特征，如图 4-26 所示。

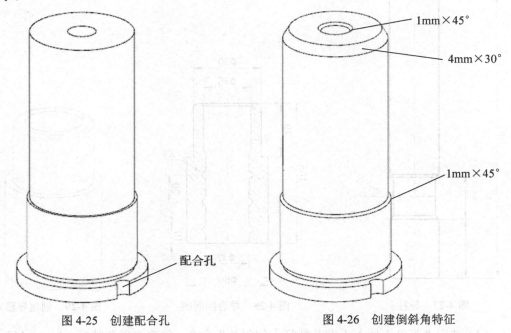

图 4-25　创建配合孔　　　　　　　　　图 4-26　创建倒斜角特征

（10）单击"保存"按钮，保存文档。

4.4　导　　柱

（1）启动 NX 12.0，单击"新建"按钮。在【新建】对话框中对"单位"选择"毫米"，选取"模型"模板，把"名称"设为"导柱.prt"。

（2）选取"菜单｜插入｜设计特征｜旋转"命令，创建一个圆柱体。圆柱体尺寸如图 4-27 所示。

（3）单击"保存"按钮，保存文档。

4.5　导　　套

（1）启动 NX 12.0，单击"新建"按钮。在【新建】对话框中对"单位"选择"毫米"，选取"模型"模板，把"名称"设为"导套.prt"。

（2）选取"菜单｜插入｜设计特征｜旋转"命令，创建一个圆柱体。圆柱体截面尺寸如图 4-28 所示。

（3）单击"确定"按钮，创建导套，如图 4-29 所示。

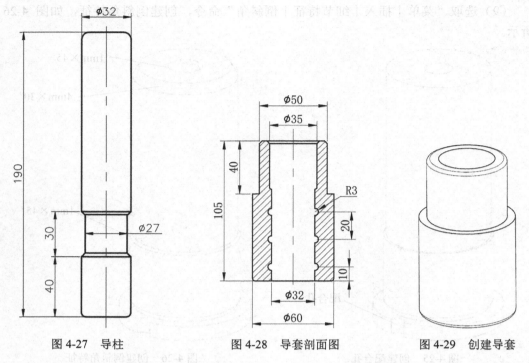

图 4-27　导柱　　　　　图 4-28　导套剖面图　　　　图 4-29　创建导套

（4）选取"菜单 | 插入 | 细节特征 | 倒斜角"命令，创建倒斜角特征（1mm×45°）。

（5）单击"保存"按钮，保存文档。

4.6　装　配　模　架

（1）装配上模座与导套。

步骤 1：启动 NX 12.0，单击"新建"按钮。在【新建】对话框中对"单位"选择"毫米"，选取"装配"模板，把"名称"设为"上模.prt"。

步骤 2：在【添加组件】对话框中单击"打开"按钮，选取"上模座.prt"，对"定位"选取"绝对原点"选项，如图 4-30 所示。

步骤 3：单击"确定"按钮，装配第一个零件，如图 4-31 所示。

步骤 4：选取"菜单 | 装配 | 组件 | 添加组件"命令，在【添加组件】对话框单击"打开"按钮，选取"导套.prt"；单击"OK"按钮，弹出"导套.prt"的小窗口。

步骤 5：在【添加组件】对话框中对"定位"选取"通过约束"选项，单击"确定"按钮。

步骤 6：在【装配约束】对话框中对"类型"选取"接触对齐"选项，"方位"选取"接触"选项，勾选"☑预览窗口"和"☑在主窗口中预览组件"复选框，如图 4-32 所示。

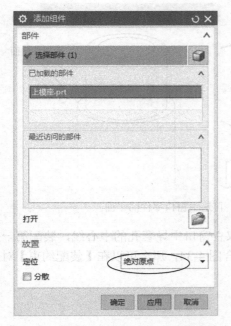

图 4-30　设置【添加组件】对话框参数

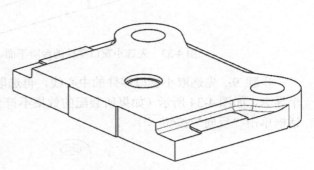

图 4-31　装配第一个零件

图 4-32　设定【装配约束】对话框参数

步骤 7：先选小窗口零件的平面，再选主窗口零件的平面（注意先后顺序），创建第一组装配，如图 4-33 所示。

步骤 8：单击"应用"按钮，在【装配约束】对话框中对"方位"选取"对齐"选项。

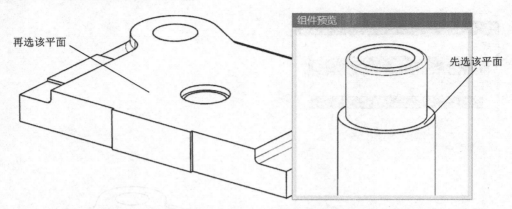

图 4-33　先选小窗口零件的台阶平面，再选主窗口零件的平面

步骤 9：先选取小窗口零件的中心线，再选取主窗口中导套孔的中心线，装配第一个导套，如图 4-34 所示（如果所装配的效果不符合图 4-34，那么可以在【装配约束】对话框单击"反向"按钮 ）。

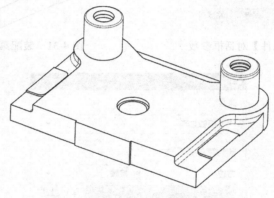

图 4-34　装配导套

步骤 10：采用相同的方法装配另一个导套。

步骤 11：采用相同的方法装配模柄，如图 4-35 所示。

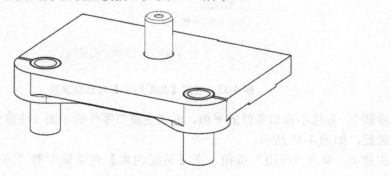

图 4-35　装配模柄

（2）装配下模座与导柱。

步骤 1：启动 NX 12.0，单击"新建"按钮 ，在【新建】对话框中对"单位"选择"毫米"，选取"装配"模板，把"名称"设为"下模.prt"。

步骤 2：按照上模的方法，装配下模座与导柱，如图 4-36 所示。

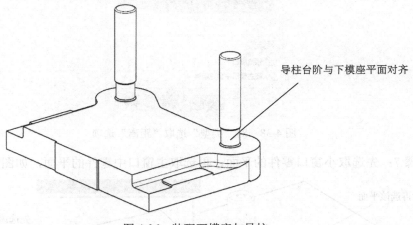

导柱台阶与下模座平面对齐

图 4-36　装配下模座与导柱

（3）装配上、下模。

步骤 1：启动 NX 12.0，单击"新建"按钮 ，在【新建】对话框中对"单位"选择"毫米"，选取"装配"模板，把"名称"设为"chongmu.prt"。

步骤 2：在【添加组件】对话框中单击"打开"按钮 ，选取"上模.prt"，"定位"选取"绝对原点"选项。

步骤 3：单击"确定"按钮，装配上模，如图 4-37 所示。

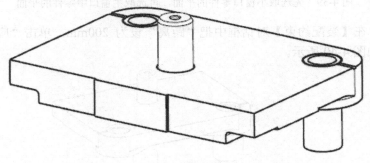

图 4-37　装配上模

步骤 4：选取"菜单｜装配｜组件｜添加组件"命令，在【添加组件】对话框单击"打开"按钮 ，选取"下模.prt"；单击"OK"按钮，弹出"下模.prt"的小窗口。

步骤 5：在【添加组件】对话框中对"定位"选取"通过约束"选项，单击"确定"按钮。

步骤 6：在【装配约束】对话框中对"类型"选取"距离"选项，如图 4-38 所示。

图 4-38　对"类型"选取"距离"选项

步骤 7：先选取小窗口零件的平面，再选取主窗口中零件的平面，如图 4-39 所示。

再选该平面

先选该平面

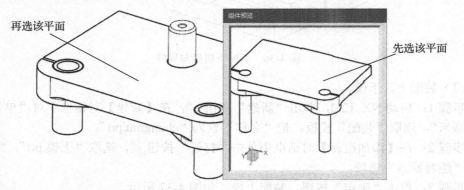

图 4-39　先选取小窗口零件的平面，再选取主窗口中零件的平面

步骤 8：在【装配约束】对话框中把"距离"设为 200mm，单击"应用"，创建第一个约束，如图 4-40 所示。

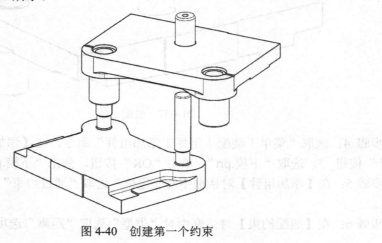

图 4-40　创建第一个约束

步骤 9：在【装配约束】对话框中对"类型"选取"接触对齐"选项，"方位"选取"对齐"选项，对齐导柱与导套的中心线，如图 4-41 所示。

（4）单击"保存"按钮![save],保存文档（该文档在后面的章节中会用到）。

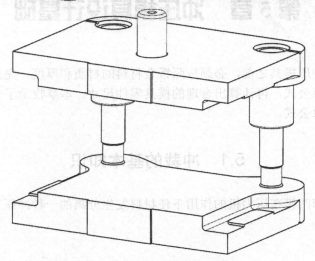

图 4-41　对齐导柱和导套

第 5 章　冲压模具设计基础

在开始设计冲压模具之前，必须按照钣金材料的材质和厚度，先查找相应的冲压模具设计手册和计算公式，再计算出合理的模具零件尺寸。本章收录了一些常用的冲压模具设计手册和计算公式。

5.1　冲裁的基本知识

冲裁指凸模和凹模在压力机的作用下使材料发生分离的一种冲压工序。

5.1.1　落料

冲裁后，封闭曲线以外的部分是废料，以内的部分是制件（或工序件），这一工序称为落料。落料模制件如图 5-1 所示。

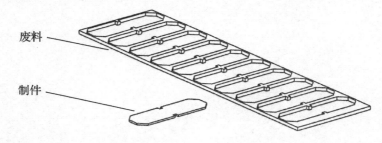

图 5-1　落料模制件

5.1.2　冲孔

冲裁后，封闭曲线以内的部分是废料，以外的部分是制件（或工序件），这一工序称为冲孔。其中，孔的形状可以是圆形或矩形的，也可以是其他形状的，如图 5-2 所示。

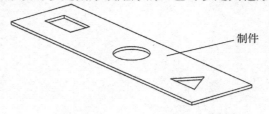

图 5-2　冲孔模制件

5.1.3　冲裁间隙

冲裁间隙指凹模刃口与凸模刃口的截面尺寸之差，以 Z 表示，单边间隙用 $Z/2$ 表示，如图 5-3 所示。

冲压模具在工作过程中，凹模与凸模之间的间隙大小必须在合理范围内。间隙太大或太

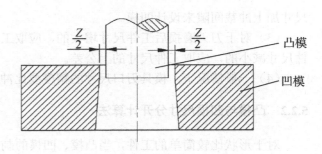

图 5-3　冲裁间隙剖面

小，都会影响模具的正常工作。冲裁间隙与材料的材质、厚度有密切的关系，也与生产条件（工件的要求、模具材料、压力机的大小等）有关。对于冲裁间隙的大小，目前还没有准确的理论计算公式，不同的生产厂家，冲裁间隙也不相同。表 5-1 列出了几种推荐使用的间隙经验值，可用于一般条件下的冲裁模具。

表 5-1　落料模和冲孔模的间隙经验值

材料	45 号 T7/T8（退火）65Mn（退火）磷青铜（硬）铍青铜（硬）		10/15/20 号冷轧钢带 30 钢板 H62 H68（硬）LY12（硬铝）		Q215A/Q235A　钢板 08/10/15 钢板 H62/H68（半硬）纯铜（硬）磷青铜（软）铍青铜（软）		H62/H68（软）纯铜（软）防锈铝 LF21/LF2 软铝 L2～L6 Ly12（退火）铜母线 铝母线	
厚度	Z_{min}	Z_{max}	Z_{min}	Z_{max}	Z_{min}	Z_{max}	Z_{min}	Z_{max}
0.5	0.08	0.1	0.06	0.08	0.04	0.06	0.025	0.045
0.8	0.13	0.16	0.10	0.13	0.07	0.10	0.045	0.075
1.0	0.17	0.20	0.13	0.16	0.10	0.13	0.065	0.095
1.2	0.21	0.24	0.16	0.19	0.13	0.16	0.075	0.105
1.5	0.27	0.31	0.21	0.25	0.15	0.19	0.10	0.14
1.8	0.34	0.38	0.27	0.31	0.20	0.24	0.13	0.17
2.0	0.38	0.42	0.30	0.34	0.22	0.26	0.14	0.18
2.5	0.49	0.55	0.39	0.45	0.29	0.35	0.18	0.24

节选自《冲模设计手册》（ISBN 7-111-00558-9）

5.2　凸模与凹模刃口尺寸

5.2.1　刃口尺寸的计算原则

（1）落料件尺寸由凹模决定，因此，在设计落料模时，应先设计凹模，再按照凹模尺寸减去冲裁间隙来设计凸模。

（2）冲孔件尺寸由凸模决定，因此，在设计冲孔模时，应先设计凸模，再按照凸模

尺寸加上冲裁间隙来设计凹模。

（3）对于刀刃磨损后工件尺寸增大的，应取工件尺寸的下公差；对于刀刃磨损后工件尺寸减小的，应取工件尺寸的上公差。

（4）一般情况下，模具刃口尺寸的精度要比冲裁件尺寸精度高2～3级。

5.2.2　凸模与凹模尺寸分开计算法

对于形状比较简单的工件，当凸模、凹模的制造公差与最小间隙之和小于或等于最大间隙时，可以用分开计算法计算凸、凹模的尺寸，落料模与冲孔模的计算公式有所不同。

（1）落料模。若落料模的工件尺寸为 $D_{-\Delta}^{\ 0}$，根据刃口尺寸的计算原则，先计算凹模尺寸，再将凹模尺寸减去冲裁间隙可以得到凸模尺寸。

$$D_A = (D_{max} - x\Delta)_0^{+\delta_A} \tag{5-1}$$

$$D_T = (D_A - Z_{min})_{-\delta_T}^{\ 0} = (D_{max} - x\Delta - Z_{min})_{-\delta_T}^{\ 0} \tag{5-2}$$

（2）冲孔模。若冲孔模的工件尺寸为 $d_{\ 0}^{+\Delta}$，根据刃口尺寸的计算原则，先计算凸模尺寸，再将凸模尺寸加上冲裁间隙可以得出凹模尺寸。

$$d_T = (d_{min} + x\Delta)_{-\delta_T}^{\ 0} \tag{5-3}$$

$$d_A = (d_T + Z_{min})_0^{+\delta_A} = (d_{min} + x\Delta + Z_{min})_0^{+\delta_A} \tag{5-4}$$

（3）孔心距。

在同一个冲孔工序中加工多个孔时，若孔距为 $L \pm \dfrac{\Delta}{2}$ 时，则凸模、凹模型孔的中心距 L_d 可按式（5-5）确定。

$$L_d = L \pm \frac{1}{8}\Delta \tag{5-5}$$

以上5个公式中各个符号的含义如下：

D、d——落料模、冲孔模工件尺寸；

D_T、D_A——落料凸模、凹模刃口尺寸；

d_T、d_A——冲孔凸模、凹模刃口尺寸；

Z_{min}——最小间隙；

x——磨损系数；

Δ——尺寸公差；

$x\Delta$——磨损预留量；

L、L_d——孔心距的公称尺寸。

δ_T、δ_A——凸模、凹模制造公差，可按表5-3查找对应值；

其中，δ_T、δ_A、Z_{max}、Z_{min} 必须满足下列关系：

$$|\delta_T| + |\delta_A| \leq Z_{max} - Z_{min} \tag{5-6}$$

　　磨损系数可以理解为在单位负荷作用下滑动单位距离所引起的体积磨损，工件要求的公差精度不同，磨损系数也不相同，见表 5-2。凸模、凹模制造公差见表 5-3，公差值表见表 5-4。

表 5-2　磨损系数

冲件公差精度	≤IT10	IT11～13	≥IT14
x	1	0.75	0.5

表 5-3　凸模、凹模制造公差

工件尺寸/mm	凸模公差 δ_T	凹模公差 δ_A
0～18	−0.02	+0.02
18～30	−0.02	0.025
30～80	−0.02	+0.03
80～120	−0.025	+0.035
120～180	−0.03	+0.04
180～260	−0.03	+0.045
260～360	−0.035	+0.05
360～500	−0.04	+0.06
>500	−0.05	+0.07

表 5-4　公差值（部分）

基本尺寸		公差值										
		IT6	IT7	IT8	IT9	IT10	IT11	IT12	IT13	IT14	IT15	IT16
大于	到				单位：um					单位：mm		
0	3	6	10	14	25	40	60	0.10	0.14	0.25	0.40	0.60
3	6	8	12	18	30	48	75	0.12	0.18	0.30	0.48	0.75
6	10	9	15	22	36	58	90	0.15	0.22	0.36	0.58	0.90
10	18	11	18	27	43	70	110	0.18	0.27	0.43	0.70	1.10
18	30	13	21	33	52	84	130	0.21	0.33	0.52	0.84	1.30
30	50	16	25	39	62	100	160	0.25	0.39	0.62	1.00	1.60
50	80	19	30	46	74	120	190	0.30	0.46	0.74	1.20	1.90
80	120	22	35	54	87	140	220	0.35	0.54	0.87	1.40	2.20
120	180	25	40	63	100	160	250	0.40	0.63	1.00	1.60	2.50
180	250	29	46	72	115	185	290	0.46	0.72	1.15	1.85	2.90
250	315	32	52	81	130	210	320	0.52	0.81	1.30	2.10	3.20
315	400	36	57	89	140	230	360	0.57	0.89	1.40	2.30	3.60
400	500	40	63	97	155	250	400	0.63	0.97			

【**例 5-1**】 一个工件的尺寸如图 5-4 所示，材料为 20 号冷轧钢，厚度为 2.0mm。要求计算落料模（$\phi50$mm 圆饼）的凸、凹模尺寸，冲孔模（两个 $\phi10$mm 小孔）凸、凹模尺寸及两个圆孔的中心距。

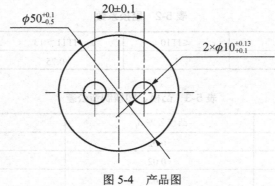

图 5-4 产品图

解：这是一个典型的、由落料模和冲孔模两个工序组成的落料件，先用落料模加工 $\phi50$mm 的外形，再用冲孔模在落料件上同时加工两个 $\phi10$mm 的孔。

（1）计算落料模饼的凸模、凹模尺寸。

查表 5-1《落料模和冲孔模的间隙经验值》可知，材料为 20 号冷轧钢，厚度为 2.0mm 的凸、凹模间隙经验值为

$$Z_{\min}=0.30\text{mm}, \quad Z_{\max}=0.34\text{mm}$$

则

$$Z_{\max}-Z_{\min}=0.34-0.3=0.04\text{mm}$$

$\phi50^{+0.1}_{-0.5}$mm 对应的上、下公差的差值为 0.6mm，由表 5-4《公差值（部分）》可查出公差等级为 IT13 级，查表 5-2《磨损系数》可知，磨损系数为 0.75。

查表 5-3《凸模、凹模制造公差》可知，δ_A 为 0.03mm，δ_T 为 -0.02mm，$|\delta_T|+|\delta_A|=0.02+0.03=0.05$mm

落料模：

$$D_A=(D_{\max}-x\Delta)^{+\delta_A}_0=(50.1-0.75\times0.6)^{+0.03}_0=49.65^{+0.03}_0\text{mm}$$

$$D_T=\left(D_A-Z_{\min}\right)^0_{-\delta_T}=(49.65-0.3)^0_{-0.02}=49.35^0_{-0.02}\text{mm}$$

但因为 $|\delta_A|+|\delta_T|>Z_{\max}-Z_{\min}$，不能满足间隙公差条件，需缩小 δ_A、δ_T。可以通过磨削等精密加工方法提高制造精度，保证 $|\delta_T|+|\delta_A|<Z_{\max}-Z_{\min}$，还可以通过将 δ_A、δ_T 的值缩小到原来的 0.6 倍，以保证 $|\delta_T|+|\delta_A|<Z_{\max}-Z_{\min}$。

$$\delta_T \rightarrow 0.6\times\delta_T=0.6\times0.02=0.012\text{mm}$$

$$\delta_A \rightarrow 0.6\times\delta_A=0.6\times0.03=0.018\text{mm}$$

因此，$D_A=49.65^{+0.018}_0$mm，$D_T=49.35^0_{-0.012}$mm。

（2）计算冲孔模的凸模、凹模尺寸。

$\phi 110_{+0.1}^{+0.13}$mm 对应的上、下公差的差值为 0.03mm，由表 5-4 可查出公差等级为 IT8 级，查表 5-2 可知，磨损系数为 1。

查表 5-3 可知：

$$|\delta_\mathrm{T}|+|\delta_\mathrm{A}|=0.02+0.02=0.04\mathrm{mm}$$

$$Z_{\max}-Z_{\min}=0.34-0.3=0.04\mathrm{mm}$$

$$|\delta_\mathrm{T}|+|\delta_\mathrm{A}|=Z_{\max}-Z_{\min}\ [满足间隙公差条件，即式（5-6）]$$

$$d_\mathrm{T}=\left(d_{\min}+x\varDelta\right)_{-\delta_\mathrm{T}}^{0}=(10.1+1\times0.03)_{-0.02}^{0}=10.13_{-0.02}^{0}\,\mathrm{mm}$$

$$d_\mathrm{A}=\left(d_\mathrm{T}+Z_{\min}\right)_{0}^{+\delta_\mathrm{A}}=(10.13+0.3)_{0}^{+0.02}=10.43_{0}^{+0.02}\,\mathrm{mm}$$

（3）计算两孔中心距尺寸。

$$L_\mathrm{d}=L\pm\frac{1}{8}\varDelta=20\pm0.025\times[0.1-(-0.1)]=20\pm0.005\mathrm{mm}$$

提示： 在实际生产图 5-4 所示的零件时，按照模具刃口尺寸的精度要比冲裁件尺寸精度高 2～3 级加工的原则，在加工落料模的凸模、凹模时，按 IT10 级（公差为 0.100mm）的精度要求制造，在加工冲孔模的凸模、凹模时，按 IT6 级（公差为 0.009mm）的精度要求制造。

5.2.3 凸模与凹模配作计算法

配作计算法是先以其中一件为基准件，然后再按最小合理间隙制作另一件，在设计零件图样时，基准件的图样上应详细标注公称尺寸及公差尺寸，而配合件上只需标注公称尺寸。

采用配作计算法时，应根据凸模或凹模在正常生产过程中由于自然磨损而导致尺寸变大、变小或不变三种情况，将尺寸分为三类，分别按不同的公式进行计算。

（1）因磨损而增大的尺寸，尺寸计算公式为

$$A_\mathrm{i}=\left(A_{\max}-x\varDelta\right)_{0}^{+\frac{\varDelta}{4}} \tag{5-7}$$

（2）因磨损而减小的尺寸，尺寸计算公式为

$$B_\mathrm{i}=\left(B_{\min}+x\varDelta\right)_{-\frac{\varDelta}{4}}^{0} \tag{5-8}$$

（3）因磨损而不变的尺寸，尺寸计算公式为

$$C_\mathrm{i}=\left(C+\frac{\varDelta}{2}\right)\pm\frac{\varDelta}{8} \tag{5-9}$$

其中，A_i、B_i、C_i 为模具基准件尺寸，A、B、C 为工件公称尺寸，$\varDelta$ 为上公差与下公差的差值。

【例 5-2】 一个工件的尺寸如图 5-5 所示，材料为 10 号冷轧钢，厚度为 1.0mm。要求按照配作计算法，计算落料模凸模、凹模尺寸。

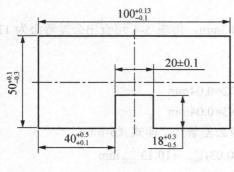

图 5-5 产品图

解：这是一个典型的落料件，选用凹模为基准件，按最小合理间隙制作凸模。

查表 5-1 可知，材料为 10 冷轧钢，厚度为 1.0mm 材料的凸模、凹模间隙经验值为 $Z_{min} = 0.13$mm，$Z_{max} = 0.16$mm。

查表 5-4 与表 5-2 可知，$100_{-0.1}^{+0.13}$ 的公差为 0.23mm，公差等级为 IT11，摩损系数为 0.75。$50_{-0.3}^{+0.1}$ 的公差为 0.4mm，等级为 IT13，摩损系数为 0.75。$40_{+0.1}^{+0.5}$ 的公差为 0.4mm，等级为 IT13，摩损系数为 0.75。20 ± 0.1 的公差为 0.2mm，等级为 IT11，摩损系数为 0.75。$18_{-0.5}^{+0.3}$ 的公差为 0.8mm，等级为 IT15，摩损系数为 0.5。

选用凹模为基准件，凹模在加工中，磨损后尺寸变大的：

$$100_{-0.1}^{-0.13} \rightarrow (100.13 - 0.75 \times 0.23)_{0}^{+\frac{0.23}{4}} = 99.958_{0}^{+0.058} \text{mm}$$

$$50_{-0.3}^{+0.1} \rightarrow (50.1 - 0.75 \times 0.4)_{0}^{+\frac{0.4}{4}} = 49.8_{0}^{+0.1} \text{mm}$$

$$40_{+0.1}^{+0.5} \rightarrow (40.5 - 0.75 \times 0.4)_{0}^{+\frac{0.4}{4}} = 40.2_{0}^{+0.1} \text{mm}$$

磨损后尺寸变小的：

$$20_{-0.1}^{+0.1} \rightarrow (19.9 + 0.75 \times 0.2)_{-\frac{0.2}{4}}^{0} = 20.05_{-0.05}^{0} \text{mm}$$

磨损后尺寸不变的：

$$18_{-0.5}^{+0.3} \rightarrow \left(18 + \frac{0.3 - (-0.5)}{2} \right) \pm \frac{0.3 - (-0.5)}{8} = 18.4 \pm 0.1 \text{mm}$$

凸模的基本尺寸与凹模相同，分别是 99.958mm，49.8mm，40.2 mm，20.05 mm，18.4mm。在设计模具图样时，不需要在图样上标注公差，但必须注明凸模的实际尺寸与凹模配制，最小双面间隙值为 $Z_{min} = 0.13$mm。

凹模、凸模的尺寸标注如图 5-6 和图 5-7 所示。

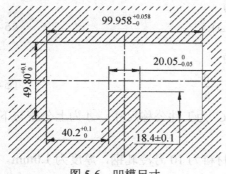

图 5-6 凹模尺寸

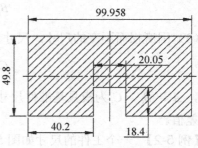

图 5-7 凸模尺寸

5.3 冲裁模具的基本知识

5.3.1 搭边

搭边指相邻冲裁件之间或冲裁件与板料侧边之间的宽度。搭边的作用是防止条料发生偏差时加工出残缺的工件。

冲裁件可以分为圆形（见图 5-8）、直角形（见图 5-9）、圆角形（见图 5-10）三种情形，搭边料的宽度值（也称为搭边值）也有所不同，见表 5-5。

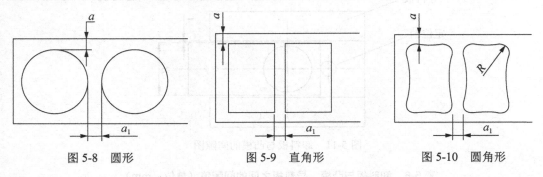

图 5-8 圆形   图 5-9 直角形   图 5-10 圆角形

表 5-5 冲裁金属材料的搭边值

材料厚度/mm	圆形或圆角形>2t		矩形件边长<50mm		矩形件边长>50mm 或圆角形<2t	
	a	a_1	a	a_1	a	a_1
～0.25	1.8	2.0	2.2	2.5	2.8	3.0
0.25～0.5	1.2	1.5	1.8	2.0	2.2	2.5
0.5～0.8	1.0	1.2	1.5	1.8	1.8	2
0.8～1.2	0.8	1.0	1.2	1.5	1.5	1.8
1.2～1.6	1.0	1.2	1.5	1.8	1.8	2.0
1.6～2.0	1.2	1.5	1.8	2.5	2.0	2.2
2.0～2.5	1.5	1.8	2.0	2.2	2.2	2.5
2.5～3.0	1.8	2.2	2.2	2.5	2.5	2.8

节选自《冲模设计手册》（ISBN 7-111-00558-9）

注：表中矩形是指给出了具体边长的直角形冲裁件。

5.3.2 卸料板与凸模的间隙

（1）卸料板与凸模的间隙图如图 5-11 所示。

（2）卸料板与凸模的间隙大小以不致使冲裁件或废料被拉进间隙为准，其经验间隙值见表 5-6。

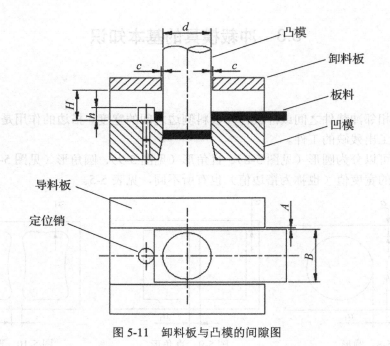

图 5-11　卸料板与凸模的间隙图

表 5-6　卸料板与凸模、导料板之间的间隙值（单位：mm）

板料厚度 t	定位销高度 h	卸料板与凹模的距离 H	凸模与卸料板的间隙 c	条料与导料板的间隙 A
≤1	2	4	0.2	0.5
1～2	2.5	6	0.3	1
2～3	3	8	0.3	1
3～4	4	10	0.5	2
4～6	4	12	0.5	2

5.3.3　冲裁力

冲裁力指在冲裁过程中凸模对板材施加的压力，通常所说的冲裁力指使冲裁件与板料顺利分离的最小值。冲裁力的计算公式为

$$F_c = Lt\tau_b \tag{5-10}$$

式中，F_c——冲裁力，单位：kN；

　　　L——冲裁件轮廓长度，单位：mm；

　　　t——材料厚度，单位：mm；

　　　τ_b——材料抗剪强度，单位：MPa。

材料抗剪强度指外力与材料轴线垂直并对材料呈剪切作用时使材料断裂的强度极限。在选择合适的压力机时，为了保证在异常情况下压力机也能正常工作，压力机的工作压力应大于冲裁力的 1.3 倍（安全系数），即 $F > 1.3 \times F_c$，各种材料的抗剪、抗拉强度见表 5-7。

表 5-7　材料的抗剪、抗拉强度

材质	抗剪强度/MPa		抗拉强度/MPa	
	软质	硬质	软质	硬质
锡	30～40	—	40～50	—
铝	70～110	130～160	80～120	—
硬铝	220	380	260	480
锌	120	200	150	250
黄铜	220～300	350～400	280～350	400～600
青铜	320～400	400～600	400～500	500～750
白铜	280～360	450～560	350～450	550～700
冷轧钢板（SPH1～8）	260 以上		280 以上	
热轧钢板（SPC1～3）	260 以上		280 以上	
拉伸用钢板	300～350		280～320	
结构用钢板 SS330	270～360		330～440	
结构用钢板 SS400	330～420		410～520	
钢 0.1% C	250	320	320	400
钢 0.2% C	320	400	400	500
钢 0.3% C	360	480	450	600
钢 0.4% C	450	560	560	720
钢 0.6% C	560	720	720	900
钢 0.8% C	720	900	900	1100
钢 1.0% C	800	1050	1000	1300
硅钢板	450	560	550	650
不锈钢板	520	560	660～700	—

5.3.4　卸料力

冲裁结束后，落料件离开板料，但剩余的板料紧箍在凸模上（参考图 5-11）。紧箍在凸模上的材料必须在外力的作用下，才能从凸模中分离出来，这个力就称为卸料力。卸料力的计算公式为

$$F_x = K_x F_c \tag{5-11}$$

式中，F_x——卸料力（N）；

K_x——卸料力系数，见表 5-8。

5.3.5 推件力

对于落料模和冲孔模，冲裁结束后，落料件虽然离开板料，但仍塞在凹模内（参考图5-11）。需要在外力作用下才能将塞在凹模内的工件推出来，这个力就称为推件力。推件力的计算公式为

$$F_t = nK_t F_c \tag{5-12}$$

式中，F_t——推件力（N）；

n——卡在凹模内的工件个数，其值为 $\dfrac{h}{t}$；h 为凹模刀刃垂直高度（mm），t 为

材料厚度（mm）。

K_t——推件力系数，见表5-8。

5.3.6 顶件力

有的成形模具在冲压结束后，产品不能用顺着冲裁方向的力推出，只能用与冲裁方向相反的力，把塞在凹模内的材料逆冲裁方向推出。这个力称为顶件力，其计算公式为

$$F_d = K_d F_c \tag{5-13}$$

式中，F_d——顶件力（N）；

K_d——顶件力系数，见表5-8。

冲裁时之冲压力为冲裁力、卸料力和推件力之和，这些力在选择压力机时是否考虑进去，应根据不同的模具结构区别对待。

采用刚性卸料装置和下出料方式时，冲裁压力为冲裁力与推件力之和：

$$F = F_c + F_t \tag{5-14}$$

采用弹性卸料装置和下出料方式时，冲裁压力为冲裁力、卸料力与推件力之和：

$$F = F_c + F_x + F_t \tag{5-15}$$

采用弹性卸料装置和上出料方式时，冲裁压力为冲裁力、卸料力与顶件力之和：

$$F = F_c + F_x + F_d \tag{5-16}$$

表5-8 卸料力系数、推件力系数和顶件力系数

单面间隙与料厚的比值（$z/2t$）	卸料力系数 K_x	推件力系数 K_t	顶件力系数 K_d
3%～5%	0.02～0.04	0.04～0.06	0.05～0.08
6%～9%	0.015～0.03	0.03～0.05	0.04～0.06
10%～12%	0.01～0.02	0.02～0.03	0.03～0.04

【例5-3】 现需冲裁一个工件，其尺寸如图5-5所示，材质为20号冷轧钢，材料厚度为2.0mm，凹模垂直位的高度为10mm，采用刚性卸料装置和下出料方式。求冲裁力、卸料力、推件力及适用的压力机。

解：材料的轮廓长度为

$$100+50+40+18+20+18+40+50=336mm$$

查表 5-7 可知，该材料的抗剪强度为 260MPa 以上，其值可以取 300MPa。

（1）计算冲裁力。

$$F_c = L t \tau_b = 336 \times 2.0 \times 300 \approx 2 \times 10^5 N$$

（2）计算推件力。

查表 5-1 中可知，该材料的最小间隙为 $Z_{min} = 0.30mm$，最大间隙为 $Z_{max} = 0.34mm$，按间隙 $Z = 0.32mm$ 计算，则单面间隙与料厚的比值为

$$Z = \frac{0.32}{2 \times 2.0} \times 100\% = 8\%$$

查表 5-8 可知，该材料的推料力系数 K_t 为 0.03～0.05，取中间值 K_t 为 0.04。则推件力为：

$$F_t = n K_t F_c = \frac{10}{2} \times 0.04 \times 2 \times 10^5 = 40kN$$

（3）计算卸料力。

查表 5-8 可知，该材料的卸料力系数 K_x 为 0.015～0.03，取中间值 K_x 为 0.0225。

$$F_x = K_x F_c = 0.0225 \times 2 \times 10^5 = 4.5kN$$

这套模具是采用刚性卸料装置，即在凸模提升时由卸料板卸料，卸料力与冲裁力、推件力不是同时发生。因此，卸料力应忽略，即

$$F = F_c + F_t = 200 + 40 = 240kN$$

加工该零件的最小压力为

$$F = 1.3 \times (F_c + F_t) = 1.3 \times 240 = 312kN$$

查表 5-9《压力机规格》可知，该零件适用 400kN 的压力机。

表 5-9　压力机规格

型号	kN	800	630	400	250	160	100	63
公称力行程	mm	8	6	6	5	5	4	4
滑块行程	mm	115	110	100	70	60	50	35
行程次数	r/min	45	50	55	70	140	145	150
最大封闭高度	mm	380	330	300	200	170	150	150
封闭高度调节量	mm	80	80	70	40	40	40	40
滑块中心至机身距离	mm	250	230	215	180	160	130	130
工作台尺寸	前后	mm	480	440	400	320	300	240	240
	左右	mm	750	700	650	525	480	360	300
工作台落料孔尺寸	前后	mm	250	140	200	160	110	100	80
	左右	mm	340	280	280	220	220	180	155
	直径	mm	290	240	220	200	160	140	140

续表

型号		kN	800	630	400	250	160	100	63
滑块底面尺寸	前后	mm	250	250	230	170	180	150	125
	左右	mm	320	320	260	230	200	170	140
模柄孔尺寸	直径	mm	60	60	50	40	35	30	25
	深度	mm	80	70	70	60	60	50	50
机身两立柱间距		mm	300	300	300	240	220	180	160

5.3.7 计算冲模压力中心

冲裁力合力的作用点称为冲模的压力中心。在进行冲模设计时，必须使模具的压力中心与压力机滑块中心重合。否则，冲压时会产生偏差，导致模具及压力机滑块与导轨的急剧磨损，降低模具和压力机的使用寿命。严重时甚至损坏模具和设备，造成冲压事故。

（1）简单轮廓工件的压力中心。

① 对于具有中心对称的工件，其压力中心与重心重合。

② 对于直线，其压力中心与直线的中心重合。

③ 对于圆弧，如图 5-12 所示，其压力中心与圆心的距离可按下列公式计算。

$$y = \frac{180 \times R \times \sin\alpha}{\pi \times \alpha} = \frac{R \times s}{b} \qquad (5\text{-}17)$$

式中，b——弧长。

（2）复杂轮廓的工件，如图 5-13 所示，其压力中心按以下步骤计算。

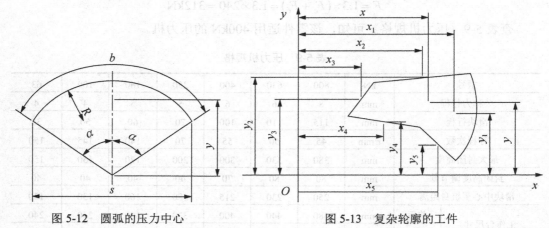

图 5-12　圆弧的压力中心　　　　　图 5-13　复杂轮廓的工件

步骤 1：按照工件在模具中的排位方向设定 X 轴和 Y 轴。

步骤 2：将工件的轮廓分为若干直线和圆弧。

步骤 3：计算出每一条直线或圆弧的压力中心位置。

步骤 4：计算出整个工件的压力中心位置，计算公式为

$$x = \frac{F_1 x_1 + F_2 x_2 + F_3 x_3 + \cdots + F_n x_n}{F_1 + F_2 + F_3 + \cdots + F_n} = \frac{\sum\limits_{i=1}^{n} F_i x_i}{\sum\limits_{i=1}^{n} F_i} \qquad (5\text{-}18)$$

$$y = \frac{F_1 y_1 + F_2 y_2 + F_3 y_3 + \cdots + F_n y_n}{F_1 + F_2 + F_3 + \cdots + F_n} = \frac{\sum\limits_{i=1}^{n} F_i y_i}{\sum\limits_{i=1}^{n} F_i} \qquad (5\text{-}19)$$

因为冲裁力与轮廓线成正比，即 $F_c = Lt\tau_b$，所以

$$x = \frac{L_1 x_1 + L_2 x_2 + L_3 x_3 + \cdots + L_n x_n}{L_1 + L_2 + L_3 + \cdots + L_n} = \frac{\sum\limits_{i=1}^{n} L_i x_i}{\sum\limits_{i=1}^{n} L_i} \qquad (5\text{-}20)$$

$$y = \frac{L_1 y_1 + L_2 y_2 + L_3 y_3 + \cdots + L_n y_n}{L_1 + L_2 + L_3 + \cdots + L_n} = \frac{\sum\limits_{i=1}^{n} L_i y_i}{\sum\limits_{i=1}^{n} L_i} \qquad (5\text{-}21)$$

式中，F_c——冲裁力，单位：kN；

　　　　L_i——冲裁件轮廓长度，单位：mm；

　　　　t——材料厚度，单位：mm；

　　　　τ_b——材料抗剪强度，单位：MPa。

第6章 UG 落料模具设计

本章以一个简单的落料模具为例，详细说明 UG 落料模具设计的一般过程。零件材料为 SPCC 冷板，尺寸为 80mm×72mm×2mm，未注公差按 IT12，产品如图 6-1 所示。

提示：SPCC 原是日本标准（JIS）的"一般用冷轧碳钢薄板及钢带"钢材名称。

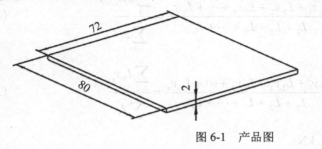

零件名称：装饰板
生产批量：大批量
材料：SPCC冷板
料厚：2mm
未注公差按IT12

图 6-1 产品图

6.1 工 艺 分 析

6.1.1 产品分析

（1）该产品属于落料件。一般情况下，在一件很长的材料上生产多件产品。

（2）该产品使用的模具属于典型的落料模。凸模、凹模是简单的平面模具，模具结构比较简单。

（3）在计算凸模、凹模尺寸时，落料模以凹模为设计基准，凹模尺寸-间隙=凸模尺寸；冲孔模以凸模为设计基准，凸模尺寸+间隙=凹模尺寸。

6.1.2 工件的排样分析

（1）该冲裁件是一件方形料，尺寸为 80mm×72mm×2mm，查表 5-6 可知，工件与料边的搭边值为 2.2mm，工件与工件之间的搭边值为 2.5mm。

（2）该零件是一个长方形，有两种排列方式，一种是 80mm×72mm，如图 6-2 所示；另一种是 72mm×80mm，如图 6-3 所示。

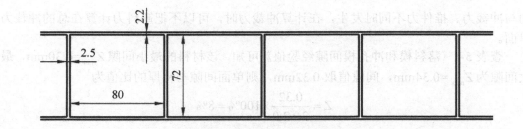

图 6-2　按 80mm×72mm 方式排列

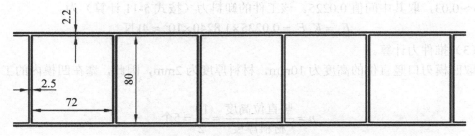

图 6-3　按 72mm×80mm 方式排列

（3）计算材料的利用率。

① 按照 80mm×72mm 方式排列，材料的利用率为

$$\frac{80 \times 72}{82.5 \times 76.4} \times 100\% = 91.38\%$$

② 按照 72mm×80mm 方式排列，材料的利用率为

$$\frac{72 \times 80}{74.5 \times 84.4} \times 100\% = 91.6\%$$

③ 比较两种排样的计算结果可知，72mm×80mm 方式排样的材料利用率高。因此，该落料模选用这种方式排列，条料的宽度为 84.4mm。

6.1.3　压力中心确定

本实例零件的形状是长方形，压力中心位于工件的中心。

6.1.4　选用压力机

查表 5-7 可知，SPCC 冷板的抗剪强度为 260MPa 以上。考虑到实际工作中的异常情况，在计算冲裁压力时，抗剪强度值应稍微大一些。因此，这种材料的抗剪强度值取为300MPa。

（1）冲裁力的大小为（按式 5-10 计算）。

$$F_c = Lt\tau_b = (80 + 72 + 80 + 72) \times 2 \times 300 = 180\text{kN}$$

（2）卸料力计算。

该工件是长方形的，采用卸料板卸料的方式，即在凸模上安装卸料板。冲裁动作完成后，在凸模提升时，通过卸料板的作用，将紧箍在凸模上的板料卸下来。因此，卸料力与冲裁力、推件力不同时发生，在计算冲裁力时，可以不把卸料力计算在总的冲裁力里面。

查表 5-1《落料模和冲孔模间隙经验值》可知，该材料的最小间隙 Z_{min} =0.30mm，最大间隙为 Z_{max} =0.34mm，间隙值取 0.32mm，则单面间隙与料厚的比值为

$$Z = \frac{0.32}{2 \times 2.0} \times 100\% = 8\%$$

查表 5-8《卸料力系数、推料力系数和顶料力系数》可知，该材料的卸料力系数 K 为 0.015～0.03，取其中间值 0.0225。该工件的卸料力（按式 5-11 计算）为

$$F_x = K_x F_c = 0.0225 \times 1.8240 \times 10^5 \approx 4kN$$

（3）推件力计算。

取凹模刃口竖直位的高度为 10mm，材料厚度为 2mm，因此，塞在凹模内的工件数量为

$$n = \frac{\text{竖直位高度}}{\text{材料厚度}} = \frac{10}{2} = 5\text{个}$$

查表 5-8 可知，该材料的推料力系数 K_t 为 0.03～0.05，取其中间值 0.04。该工件的推件力（按式 5-12 计算）为

$$F_t = nK_t F_c = 5 \times 0.04 \times 1.8 \times 10^5 = 36kN$$

（4）总冲裁力计算。

由于卸料力与冲裁力、推件力不是同时发生的，故在计算冲床力时，应忽略卸料力。因此，加工这个产品所需要的最小压力（考虑到工作中的异常情况，将理论值乘以 1.3 倍，按式 5-14 计算）为

$$F = 1.3 \times (F_c + F_t) = 1.3 \times (1.8 + 0.36) \times 10^5 = 284kN$$

从表 5-9 可知，该零件适用 400kN 的压力机。该机的主要参数如下：最大封闭高度为 300mm，封闭高度调节量为 70mm，工作台尺寸为 650mm×400mm，工作台落料孔尺寸为 280mm×200mm，工作台落料孔直径为 ϕ220mm，模柄孔尺寸为 ϕ50mm×70mm。

6.1.5　计算工作部件尺寸

该工件是长方形的，适合用配作法计算凸模与凹模的尺寸。现在以凹模为基准，再计算凸模。凹模在正常生产过程中，由于自然磨损而导致尺寸变大，应按以下公式进行计算。

$$A_i = (A_{max} - x\Delta)^{+\frac{\Delta}{4}}_0 \tag{6-1}$$

该工件的尺寸为 80mm×72mm，未注公差级别按 IT12 级，查表 5-2 可知，磨损系数 x =0.75。查表 5-4 可知，该工件的公差为 0.3mm，因此 Δ=上偏差-下偏差=0.3mm。由于没有明确说明偏差是对称偏差还是极限偏差，在这里按对称公差计算凹、凸模尺寸，即上、下偏差分别为 0.15mm。

选用凹模为基准件，磨损后原标注为 80mm 和 72mm 的尺寸变大，按对称偏差计算

如下：

$$80_{-0.15}^{+0.15} \rightarrow \left(80.15 - 0.75 \times 0.3\right)_{0}^{+\frac{0.3}{4}} = 79.925_{0}^{+0.075}\ \text{mm}$$

$$72_{-0.15}^{+0.15} \rightarrow \left(72.15 - 0.75 \times 0.3\right)_{0}^{+\frac{0.3}{4}} = 71.925_{0}^{+0.075}\ \text{mm}$$

凸模尺寸=凹模尺寸-凹模、凸模间隙，则凸模尺寸为

$$80 \rightarrow 79.925 - 0.32 = 79.605\text{mm}$$
$$72 \rightarrow 71.925 - 0.32 = 71.605\text{mm}$$

6.2　UG 落料模具的设计过程

6.2.1　创建挡料销

（1）先创建一个新的文件夹，"名称"设为"第 6 章建模图"，目的是把第 6 章创建的 UG 图全部放在这个目录中。

（2）启动 NX 12.0，单击"新建"按钮，在【新建】对话框中选取"模型"选项。在模板框中对"单位"选择"毫米"，选取"模型"模板，把"名称"设为"挡料销.prt"，"文件夹"选取"第 6 章建模图"。单击"确定"按钮，进入建模环境。

（3）先单击"旋转"按钮，在【旋转】对话框中再单击"绘制截面"按钮。选取 *ZOX* 平面为草绘平面，以 *X* 轴为水平参考线，绘制一个截面，如图 6-4 所示。

查表 5-6 可知，料厚为 2mm，挡料销的高度为 3mm。

（4）单击"完成"按钮，在【旋转】对话框中对"指定矢量"选取"ZC↑"选项。单击"指定点"按钮，在【点】对话框中输入（0,0,0），对"开始"选取"值"，把"角度"设为 0；对"结束"选取"值"，把"角度"设为 360°。

（5）单击"完成"按钮，创建旋转特征，如图 6-5 所示。

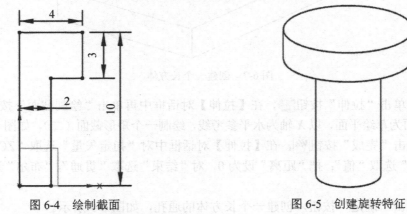

图 6-4　绘制截面

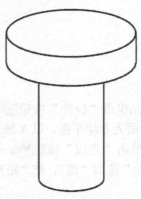

图 6-5　创建旋转特征

（6）单击"保存"按钮，保存文档。

6.2.2 创建凹模

（1）启动 NX 12.0，单击"新建"按钮，在【新建】对话框中选取"模型"选项。在模板框中"单位"选择"毫米"，选取"模型"模板，把"名称"设为"凹模.prt"，"文件夹"选取"第 6 章建模图"。单击"确定"按钮，进入建模环境。

（2）单击"拉伸"按钮，在【拉伸】对话框中单击"绘制截面"按钮，选取 *XOY* 平面为草绘平面，以 *X* 轴为水平参考线，绘制一个矩形截面（一），如图 6-6 所示（该截面范围为凹模周界）。

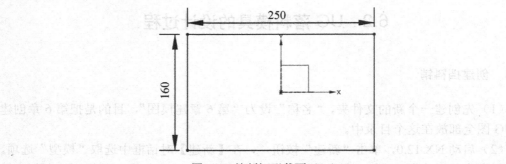

图 6-6　绘制矩形截面（一）

（3）单击"完成"按钮，在【拉伸】对话框中对"指定矢量"选取"ZC↑"按钮，把"开始距离"设为 0，"结束距离"设为 30mm，对"布尔"选取"无"。

（4）单击"确定"按钮，创建一个长方体，如图 6-7 所示。

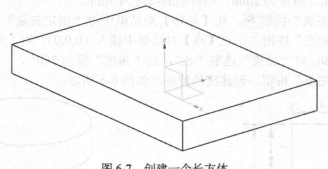

图 6-7　创建一个长方体

（5）先单击"拉伸"按钮，在【拉伸】对话框中再单击"绘制截面"按钮；选取 *XOY* 平面为草绘平面，以 *X* 轴为水平参考线，绘制一个矩形截面（二），如图 6-8 所示。

（6）单击"完成"按钮，在【拉伸】对话框中对"指定矢量"选取"ZC↑"按钮，"开始"选取"值"；把"距离"设为 0，对"结束"选取"贯通"，"布尔"选取"减去"。

（7）单击"确定"按钮，创建一个长方体的通孔，如图 6-9 所示。

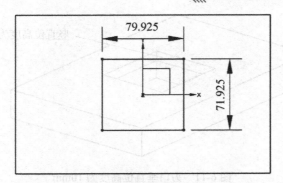

图 6-8　绘制矩形截面（二）

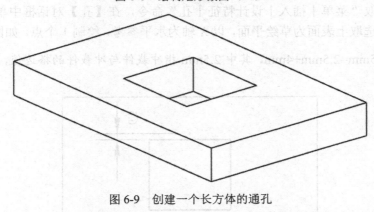

图 6-9　创建一个长方体的通孔

（8）单击"倒斜角"按钮，选取方框的下边线，在【倒斜角】对话框中对"横截面"选取"非对称"选项；把"距离 1"设为 3mm，"距离 2"设为 20mm，如图 6-10所示。

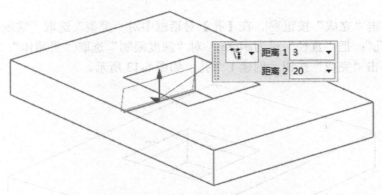

图 6-10　创建倒斜角特征

（9）采用相同的方法，创建其余 3 个倒斜度特征，刃口垂直位的高度是 10mm，如图 6-11 所示。

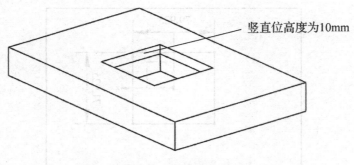

竖直位高度为10mm

图 6-11　刃口垂直位高度为 10mm

（10）选取"菜单 | 插入 | 设计特征 | 孔"命令，在【孔】对话框中单击"绘制截面"按钮█。选取上表面为草绘平面，以 X 轴为水平参考，绘制 1 个点，如图 6-12 所示。

提示：6.5mm=2.5mm+4mm，其中 2.5mm 指冲裁件与冲裁件的搭边值，4mm 指挡料销的半径值。

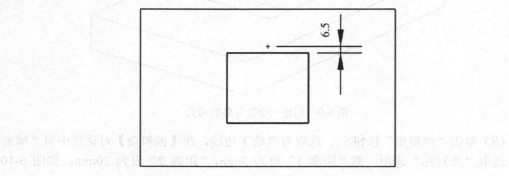

6.5

图 6-12　绘制 1 个点

（11）单击"完成"按钮█，在【孔】对话框中对"类型"选取"常规孔"，"形状"选取"简单孔"；把"直径"设为φ4mm，对"深度限制"选取"贯通体"。

（12）单击"完成"按钮，创建 1 个孔，如图 6-13 所示。

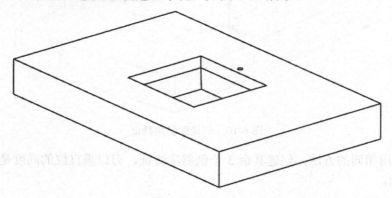

图 6-13　创建 1 个孔

（13）单击"保存"按钮![save],保存文档。

6.2.3　创建凸模

（1）先计算凸模的理论高度。本章直接用第 4 章设计的模架进行落料模设计，第 4 章模架的上模座厚度为 45mm，下模座厚度为 50mm。在前面的冲裁力分析中，得出该模具需用 40 吨压力机，最小封闭高度为 230mm。在图 6-10 中，斜面的高度为 20mm（进行冲孔时凸模一般是加工到直身位处），如图 6-14 所示的 20mm 处。

凸模的高度=模架的最小封闭高度-上模座厚度-下模座厚度-凹模斜面高度

　　　　　　=230-45-50-20

　　　　　　=115mm

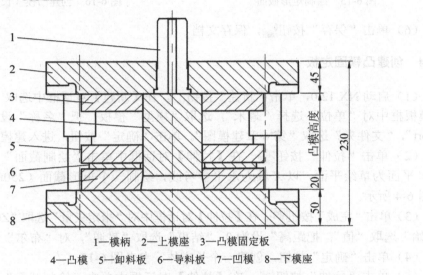

1—模柄　2—上模座　3—凸模固定板

4—凸模　5—卸料板　6—导料板　7—凹模　8—下模座

图 6-14　冲孔模结构

（2）启动 NX 12.0，单击"新建"按钮![new],在【新建】对话框中选取"模型"选项。在模板框中对"单位"选择"毫米"，选取"模型"模板；把"名称"设为"凸模.prt"，"文件夹"选取"第 6 章建模图"。单击"确定"按钮，进入建模环境。

（3）先单击"拉伸"按钮![extrude],在【拉伸】对话框中再单击"绘制截面"按钮![sketch]。选取 XOY 平面为草绘平面，以 X 轴为水平参考线，绘制一个矩形截面（79.61mm×71.61mm），如图 6-15 所示。

（4）单击"完成"按钮![finish],在【拉伸】对话框中对"指定矢量"选取"ZC↑"按钮![ZC],把"开始距离"设为 0，"结束距离"设为 117mm，对"布尔"选取"![no]无"。

提示： 凸模的实际高度必须大于凸模的理论高度。

（5）单击"确定"按钮，创建一个凸模，如图 6-16 所示。

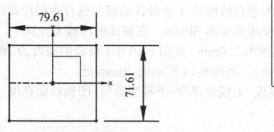

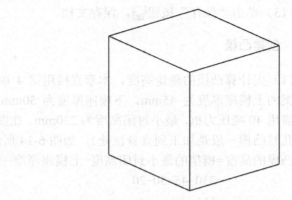

图 6-15　绘制矩形截面

图 6-16　创建凸模（长方体）

（6）单击"保存"按钮，保存文档。

6.2.4　创建凸模固定板

（1）启动 NX 12.0，单击"新建"按钮，在【新建】对话框中选取"模型"选项。在模板框中对"单位"选择"毫米"，选取"模型"模板，把"名称"设为"凸模固定板.prt"，"文件夹"选取"第 6 章建模图"。单击"确定"按钮，进入建模环境。

（2）单击"拉伸"按钮，在【拉伸】对话框中单击"绘制截面"按钮，选取 XOY 平面为草绘平面，以 X 轴为水平参考线，绘制一个矩形截面（250mm×160mm），如图 6-4 所示。

（3）单击"完成"按钮，在【拉伸】对话框中对"指定矢量"选取"ZC↑"按钮，"开始"选取"值"；把距离"设为 0，"结束"选取"贯通"，对"布尔"选取"无"。

（4）单击"确定"按钮，创建一个长方体，参考图 6-17。

（5）单击"拉伸"按钮，在【拉伸】对话框中单击"绘制截面"按钮，选取 XOY 平面为草绘平面，以 X 轴为水平参考线，绘制一个矩形截面（79.61mm×71.61mm），如图 6-17 所示。

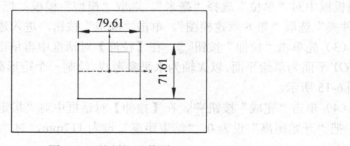

图 6-17　绘制矩形截面

（6）单击"完成"按钮，在【拉伸】对话框中对"指定矢量"选取"ZC↑"按钮；把"开始距离"设为 0，"结束距离"设为 30mm，对"布尔"选取"减去"。

（7）单击"确定"按钮，在长方体中间创建一个长方体的通孔（凸模固定位），如图 6-18 所示。

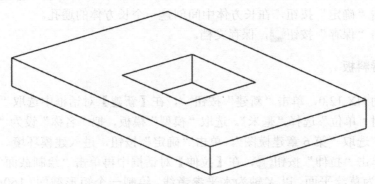

图 6-18　创建一个长方形的（凸模固定位）

（8）单击"保存"按钮 ▣，保存文档。

6.2.5　创建卸料板

（1）启动 NX 12.0，单击"新建"按钮 ▯，在【新建】对话框中选取"模型"选项。在模板框中对"单位"选择"毫米"，选取"模型"模板；把"名称"设为"卸料板.prt"，对"文件夹"选取"第 6 章建模图"。单击"确定"按钮，进入建模环境。

（2）先单击"拉伸"按钮 ▮，在【拉伸】对话框中再单击"绘制截面"按钮 ▥。选取 XOY 平面为草绘平面，以 X 轴为水平参考线，绘制一个矩形截面（250mm×160mm），如图 6-4 所示。

（3）单击"完成"按钮 ▦，在【拉伸】对话框中对"指定矢量"选取"ZC↑"按钮 ；把"开始距离"设为 0，"结束距离"设为 25mm，对"布尔"选取" 无"。

（4）单击"确定"按钮，创建一个长方体，参考图 6-16。

（5）先单击"拉伸"按钮 ▮，在【拉伸】对话框中再单击"绘制截面"按钮 ▥。选取 XOY 平面为草绘平面，以 X 轴为水平参考，绘制一个矩形截面（80.2mm×72.2mm），如图 6-19 所示（查表 5-6 可知，卸料板与凸模的单边间隙为 0.3mm，双边间隙为 0.6mm）。

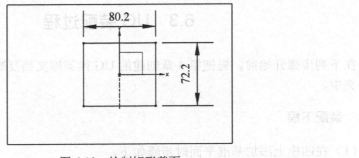

图 6-19　绘制矩形截面

（6）单击"完成"按钮，在【拉伸】对话框中对"指定矢量"选取"ZC↑"按钮，把"开始距离"设为 0，"结束距离"设为 25mm，对"布尔"选取"减去"。

（7）单击"确定"按钮，在长方体中间创建一个长方体的通孔。

（8）单击"保存"按钮，保存文档。

6.2.6 创建导料板

（1）启动 NX 12.0，单击"新建"按钮，在【新建】对话框中选取"模型"选项。在模板框中对"单位"选择"毫米"。选取"模型"模板，把"名称"设为"导料板.prt"，对"文件夹"选取"第 6 章建模图"。单击"确定"按钮，进入建模环境。

（2）先单击"拉伸"按钮，在【拉伸】对话框中再单击"绘制截面"按钮。选取 *XOY* 平面为草绘平面，以 *X* 轴为水平参考线，绘制一个矩形截面（160mm×70mm），如图 6-20 所示。

（3）单击"完成"按钮，在【拉伸】对话框中对"指定矢量"选取"ZC↑"按钮，"开始"选取"值"，把"距离"设为 0；对"结束"选取"值"，把"距离"设为 8mm；对"布尔"选取"无"（查表 5-6 可知，料厚为 2mm，导料板与凹模的距离为 8mm）。

（4）单击"确定"按钮，创建导料板，如图 6-21 所示。

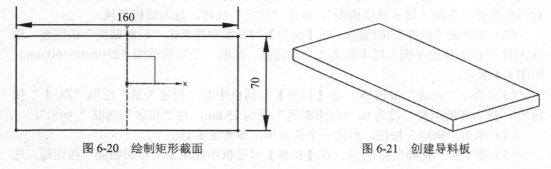

图 6-20　绘制矩形截面　　　　　　图 6-21　创建导料板

（5）单击"保存"按钮，保存文档。

6.3　UG 装配过程

在下列步骤开始前，先把第 4 章创建的 UG 模架库文档复制到"第 6 章建模图"的文件夹中。

6.3.1　装配下模

（1）在凹模上添加基准平面时步骤如下。

步骤 1：单击"打开"按钮，打开"凹模.prt"。

步骤 2：选取"菜单丨插入丨基准/点丨基准平面"命令，在【基准平面】对话框中"类型"选取"YC—ZC" 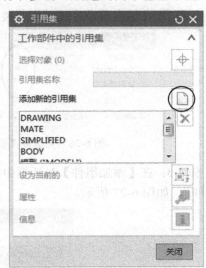 YC-ZC 平面，创建 *ZOY* 平面。

步骤 3：采用相同的方法，创建 *ZOX* 平面，如图 6-22 所示（创建基准平面的目的是方便在后续 UG 装配，下同）。

步骤 4：选取"菜单丨格式丨引用集"命令，在【引用集】对话框中单击"添加新的引用集"按钮 ，如图 6-23 所示，选取凹模实体和步骤 3 创建的两个基准平面。

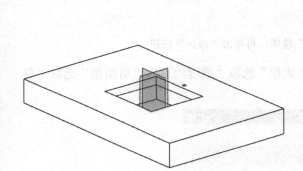

图 6-22　创建 *ZOX* 与 *ZOY* 平面

图 6-23　选取凹模实体和步骤 3 创建的基准平面

步骤 5：单击"保存"按钮 ，保存文档。

（2）在下模上添加基准平面时步骤如下。

步骤 1：单击"打开"按钮 ，打开第 4 章创建的"下模.prt"。

步骤 2：选取"菜单丨插入丨基准/点丨基准平面"命令，在【基准平面】对话框中"类型"选取"YC—ZC" 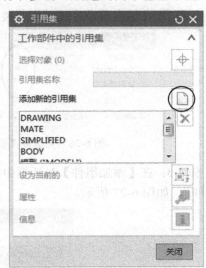 YC-ZC 平面，创建 *ZOY* 平面。

步骤 3：采用相同的方法，创建 *ZOX* 平面，如图 6-24 所示。

步骤 4：选取"菜单丨格式丨引用集"命令，在【引用集】对话框中单击"添加新的引用集"按钮 ，选取凹模实体和上个步骤所创建的两个基准平面。

步骤 5：单击"保存"按钮 ，保存文档。

（3）装配凹模板的步骤如下。

步骤 1：在横向菜单中选取"应用模块"选项卡，再选取"装配"按钮，如图 6-25 所示。

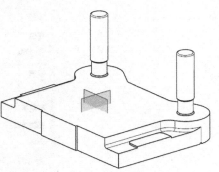

图 6-24　创建 *ZOX* 与 *ZOY* 平面

图 6-25　选取"应用模块"选项卡，再选取"装配"按钮

步骤 2：在横向菜单中先选取"装配"选项，再单击"添加"按钮，如图 6-26 所示。

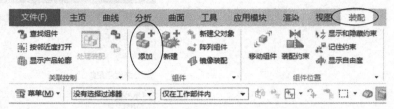

图 6-26　先选取"装配"选项，再单击"添加"按钮

步骤 3：在【添加组件】对话框中对"定位"选取"通过约束"，"引用集"选取"整个部件"，如图 6-27 所示。

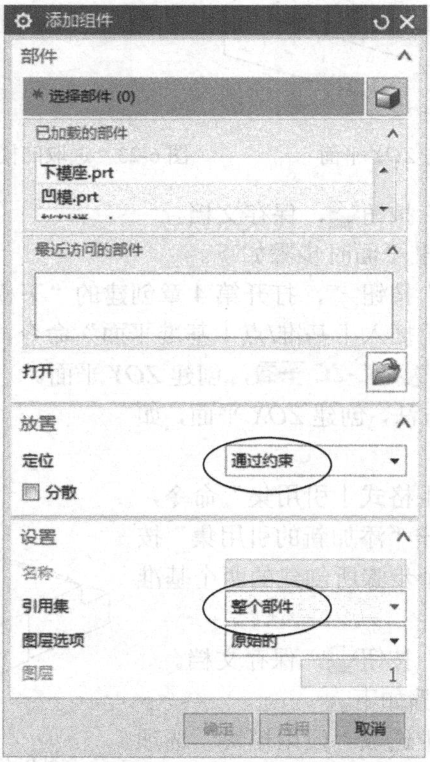

图 6-27　设置【添加组件】对话框参数

步骤 4：在【添加组件】对话框单击"打开"按钮 ，选取"凹模.prt"。先单击"OK"按钮，弹出"凹模.prt"的小窗口，小窗口中的零件显示基准平面，再单击"确定"按钮。

步骤 5：按第 4 章的装配方法，装配下模与凹模，装配后如图 6-28 所示。

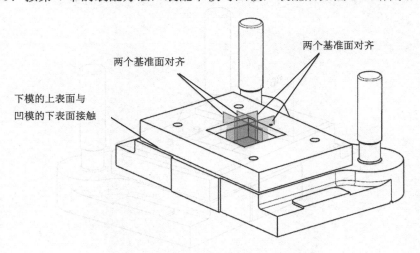

图 6-28　装配下模与凹模

（4）装配导料板的步骤如下。

步骤 1：先计算两块导料板之间的距离，按照图 6-2 和图 6-3 的分析，条料的宽度为84.4mm。查表 5-6 可知，条料与导料板的单边间隙应取 1mm，两条料板的距离为 86.4mm。

步骤 2：选取"菜单 | 装配 | 组件 | 添加组件"命令，在【添加组件】对话框对"定位"选取"通过约束"选项。先单击"打开"按钮 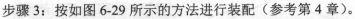，选取"导料板.prt"，再单击"OK"按钮。

步骤 3：按如图 6-29 所示的方法进行装配（参考第 4 章）。

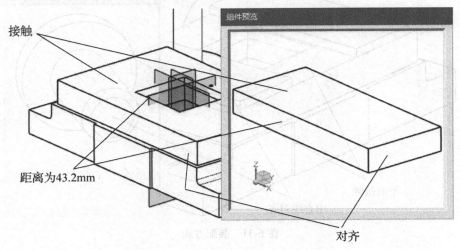

图 6-29　装配导料板

步骤 4：装配导料板后的效果如图 6-30 所示。

步骤 5：采用相同的方法，装配另一件导料板，两块导料板的距离是 86.4mm，如图 6-30 所示。

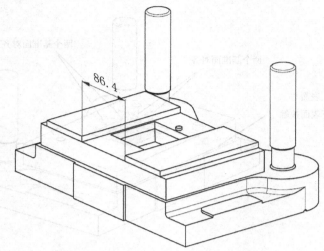

图 6-30　装配导料板后的效果

（5）装配挡料销的步骤如下。

步骤 1：选取"菜单｜装配｜组件｜添加组件"命令，在【添加组件】对话框对"定位"选取"通过约束"。先单击"打开"按钮，选取"挡料销.prt"，再单击"OK"按钮。

步骤 2：按如图 6-31 所示的方法装配挡料销。挡料销装配后的效果如图 6-32 所示。

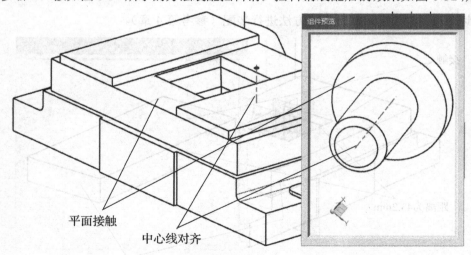

平面接触
中心线对齐

图 6-31　装配方式

挡料销

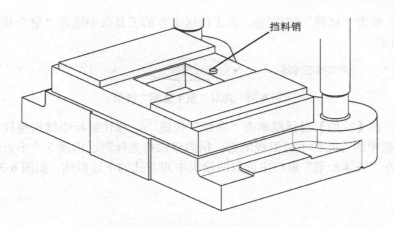

图 6-32　装配挡料销的效果

步骤 3：采用相同的方法装配卸料板，如图 6-33 所示。

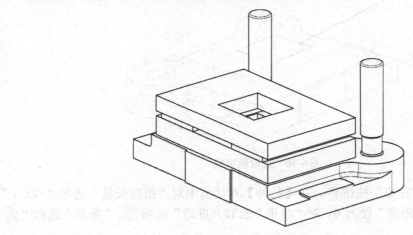

图 6-33　装配卸料板

（6）创建卸料孔的步骤如下。

步骤 1：在"装配导航器"中选中 ☑ 🔲 下模座，单击鼠标右键，选取"设为工件部件"命令，如图 6-34 所示。

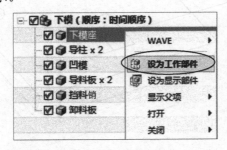

图 6-34　选取"设为工件部件"命令

步骤2：单击"拉伸"按钮 ，在工作区上方的工具条中选取"整个部件"选项，如图6-35所示。

图6-35 选取"整个装配"选项

步骤3：在【拉伸】对话框单击"曲线"按钮 ，按住鼠标中键调整视角后，把光标放在凹模板中间方孔的下边沿线附近，稍微停顿待光标附近出现3个小点之后，单击鼠标左键。在"快速拾取"窗口中选取凹模板中间方孔的下边沿线，如图6-36中的粗线所示。

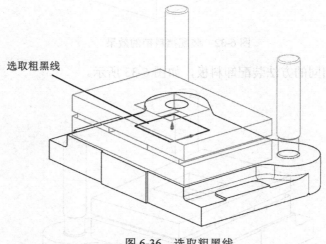

选取粗黑线

图6-36 选取粗黑线

步骤4：单击"完成"按钮 ，在【拉伸】对话框中对"指定矢量"选取"-ZC↓"按钮 ，把"开始距离"设为0；对"结束"选取"贯通"选项 ，"布尔"选取" 减去"。

步骤5：单击"确定"按钮，在下模板上创建卸料孔，如图6-37所示。

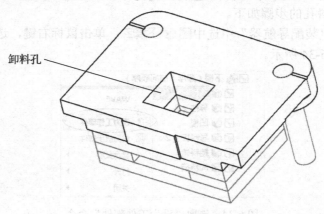

卸料孔

图6-37 创建卸料孔

（7）创建后模螺丝孔的步骤如下。

步骤 1：在"装配导航器"中选中 ☑ ▢ 卸料板，单击鼠标右键，选取"设为工件部件"命令，如图 6-38 所示。

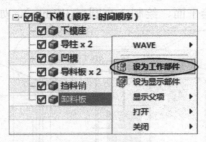

图 6-38　将卸料板设为工作部件

步骤 2：选取"菜单丨插入丨设计特征丨孔"命令，在【孔】对话框中单击"绘制截面"按钮 ▣。选取卸料板的上表面为草绘平面，绘制 4 个点，如图 6-39 所示。

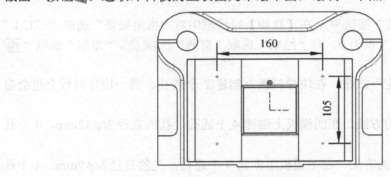

图 6-39　绘制 4 个点

步骤 3：单击"完成"按钮 ▣，在【孔】对话框中对"类型"选取"常规孔"，"形状"选取"沉头孔"；把"沉头直径"设为 18mm，"沉头深度"设为 12mm，"直径"设为 12mm，对"深度限制"选取"贯通体"。

步骤 4：单击"确定"按钮，在卸料板上创建 4 个沉头孔，如图 6-40 所示。

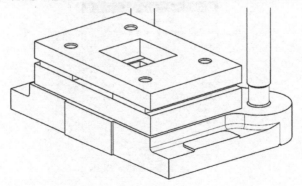

图 6-40　创建 4 个沉头孔

步骤5：在"装配导航器"中选中 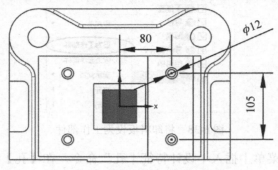 ☑ ⬚ **导料板 x 2**，单击鼠标右键，选取"设为工件部件"命令。

步骤6：先单击"拉伸"按钮⬚，在【拉伸】对话框中再单击"绘制截面"按钮⬚；选取导料板的上表面为草绘平面，绘制2个圆（φ12mm），如图6-41所示。

图 6-41 绘制2个圆截面

步骤7：单击"完成"按钮⬚，在【拉伸】对话框中对"指定矢量"选取"-ZC↓"按钮⬚；把"开始距离"设为0，对"结束"选取"贯通"选项⬚，"布尔"选取"⬚减去"。

步骤8：单击"确定"按钮，在块导料板上创建2个通孔，另一块导料板上也会自动生成2个通孔。

步骤9：采用相同的方法，在凹模板上创建4个通孔，孔的直径为φ12mm，4个孔的中心距与前面相同。

步骤10：采用相同的方法，在下模板上创建4个通孔，孔的直径为φ9mm，4个孔的中心距与前面所用的相同（因为要在下模板上的通孔上添加螺纹特征，所以下模板的通孔直径应小一些）。

步骤11：选取"菜单│插入│设计特征│螺纹"命令，选取直径为φ9mm的孔。

步骤12：在【螺纹】对话框中选取"◉详细"单选框，把"大径"设为10mm，"长度"设为30mm，"螺距"设为1mm，"角度"设为60°，如图6-42所示。

图 6-42 设定螺纹参数

步骤 13：单击"确定"按钮，创建螺纹孔，如图 6-43 所示。

步骤 14：采用相同的方法，创建其余 3 个螺纹。

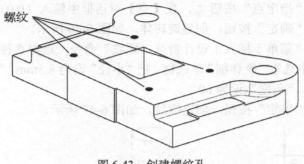

图 6-43　创建螺纹孔

（8）创建螺杆（一）的步骤如下。

步骤 1：选取"菜单 | 分析 | 测量距离"命令，在【测量距离】对话框中对"类型"选取"投影距离"，"指定矢量"选取"ZC ↑" $^{\text{ZC}↑}$。选取沉头的底面和下模面的上表面，测得距离为 51mm，如图 6-44 所示（螺杆与螺孔啮合的长度应为 15mm～25mm，51mm+20mm≈70mm，螺杆长度为 70mm）。

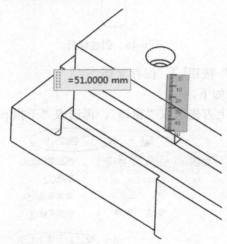

图 6-44　测量距离

步骤 2：选取"文件 | 新建"命令，在【新建】对话框中选取"模型"选项。在模板框中对"单位"选择"毫米"，选取"模型"模板，把"名称"设为"M10×70.prt"；对"文件夹"选取"第 6 章建模图"。单击"确定"按钮，进入建模环境。

步骤 3：选取"菜单 | 插入 | 设计特征 | 旋转"命令，在【旋转】对话框中单击"绘制截面"按钮，选取 ZOX 为草绘平面，以 X 轴为水平参考，绘制螺杆的截面，如图 6-45 所示。

步骤 4：单击"完成"按钮，在【旋转】对话框中对"指定矢量"选取"ZC ↑"

按钮⌖，"开始"选取"值"；把"角度"设为0，对"结束"选取"值"把"角度"设为360°。

步骤5：单击"指定点"按钮⌖，在【点】对话框中输入（0,0,0）

步骤6：单击"确定"按钮，创建旋转体，如图6-46所示。

步骤7：选取"菜单│插入│设计特征│螺纹"命令，选取直径为φ10mm的圆柱。在【螺纹】对话框中选取"◉详细"单选框，把"小径"设为8.5mm，"长度"设为30mm，"螺距"设为1mm，"角度"设为60°。

步骤8：单击"确定"按钮，创建螺纹，如图6-47所示。

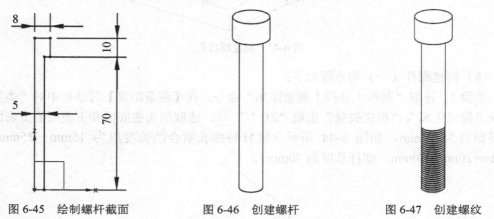

图6-45 绘制螺杆截面   图6-46 创建螺杆   图6-47 创建螺纹

步骤9：单击"保存"按钮💾，保存文档。

（9）装配螺杆的步骤如下。

步骤1：在屏幕的最上方先选取"窗口"，再选取"下模.prt"，如图6-48所示。

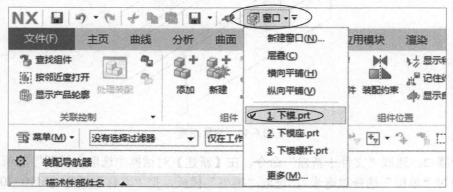

图6-48 选取"下模.prt"

步骤2：在横向菜单中先选取"应用模块"选项，再单击"装配"按钮，参考图6-25。

步骤3：在横向菜单中先选取"装配"选项，再单击"添加"按钮，参考图6-26。

步骤4：按照装配挡料销的方式，装配4个螺杆，如图6-49所示。

步骤5：单击"保存"按钮💾，保存文档。

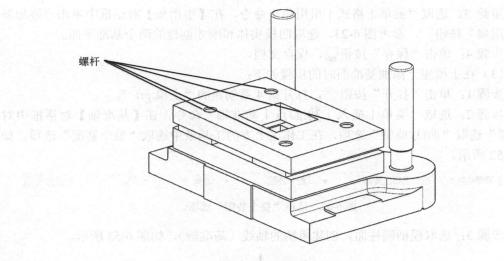

螺杆

图 6-49   装配螺杆

6.3.2   装配上模

（1）在凸模上添加基准面时的步骤如下。

步骤 1：单击"打开"按钮 ，打开"凸模.prt"。

步骤 2：选取"菜单 | 插入 | 基准/点 | 基准平面"命令，按照前面的方法，创建 *ZOX* 和 *ZOY* 平面，如图 6-50 所示。

步骤 3：选取"菜单 | 格式 | 引用集"命令，在【引用集】对话框中单击"添加新的引用集"按钮，参考图 6-23，选取凹模实体和刚才创建的两个基准平面。

步骤 4：单击"保存"按钮，保存文档。

（2）在凸模固定板添加基准面的步骤如下。

步骤 1：单击"打开"按钮 ，打开"凸模固定板.prt"。

步骤 2：选取"菜单 | 插入 | 基准/点 | 基准平面"命令，按照前面所述的方法，创建 *ZOX* 和 *ZOY* 平面，如图 6-51 所示。

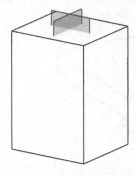

图 6-50   创建基准平面

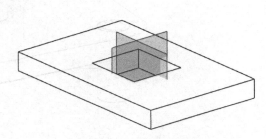

图 6-51   创建基准平面

步骤 3：选取"菜单｜格式｜引用集"命令，在【引用集】对话框中单击"添加新的引用集"按钮，参考图 6-23，选取凹模实体和刚才创建的两个基准平面。

步骤 4：单击"保存"按钮，保存文档。

（3）在上模座上添加基准面时的步骤如下：

步骤 1：单击"打开"按钮，打开第 4 章创建的"上模.prt"。

步骤 2：选取"菜单｜插入｜基准/点｜基准轴"命令，在【基准轴】对话框中对"类型"选取"曲线/曲轴"选项，在工作区上方的工具条中选取"整个装配"选项，如图 6-52 所示。

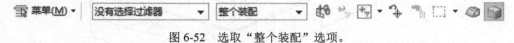

图 6-52 选取"整个装配"选项。

步骤 3：选取模柄圆柱面，创建模柄的轴线（基准轴），如图 6-53 所示。

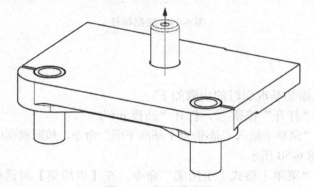

图 6-53 创建基准轴

步骤 4：选取"菜单｜插入｜基准/点｜基准平面"命令，在【基准平面】对话框中"类型"选取"两直线"选项。在图 6-52 所示的工具条中选取"整个装配"选项，先选基准轴，再选取水平的边线，创建水平基准面，如图 6-54 所示。

步骤 5：采用相同的方法，创建纵向基准平面。

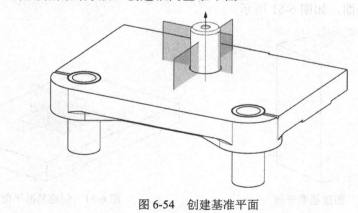

图 6-54 创建基准平面

步骤 6：选取"菜单丨格式丨引用集"命令，在【引用集】对话框中单击"添加新的引用集"按钮⬜，参考图 6-23，选取凹模实体和前两个步骤创建的两个基准平面。

（4）装配凸模与凸模固定板。

按照装配下模的方法装配上模，先装配凸模，再装配凸模固定板，如图 6-55 所示。在装配时，应先选择大窗口中实体的基准面，再选小窗口中实体的基准面。

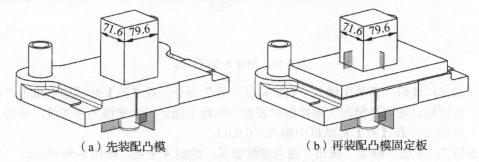

<table>
<tr><td>（a）先装配凸模</td><td>（b）再装配凸模固定板</td></tr>
</table>

图 6-55　先装配凸模，再装配凸模固定板

（5）单击"保存"按钮💾，保存文档。

（6）创建前模螺丝孔的步骤如下。

步骤 1：在"装配导航器"中选中✅⬛上模座，单击鼠标右键，选取"设为工件部件"命令，如图 6-56 所示。

步骤 2：选取"菜单丨插入丨设计特征丨孔"命令，在【孔】对话框中单击"绘制截面"按钮📱，选取上模座的上表面为草绘平面，绘制 8 个点，如图 6-57 所示。

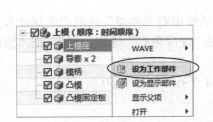

图 6-56　将上模座板设为工作部件

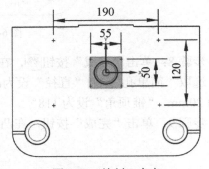

图 6-57　绘制 8 个点

步骤 3：单击"完成"按钮📱，在【孔】对话框中对"类型"选取"常规孔"，"形状"选取"沉头孔"；把"沉头直径"设为 18mm，"沉头深度"设为 12mm，"直径"设为 12mm，对"深度限制"选取"贯通体"。

步骤 4：单击"确定"按钮，在卸料板上创建 8 个沉头孔，如图 6-58 所示。

步骤 5：在"装配导航器"中选中✅⬛凸模，单击鼠标右键，选取"设为工件部件"命令。

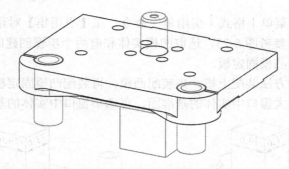

图 6-58　创建 8 个沉头孔

步骤 6：选取"菜单 | 插入 | 设计特征 | 孔"命令，在【孔】对话框中单击"绘制截面"按钮。选取凸模与上模接触的表面为草绘平面，以水平线为参考线，单击"指定点"按钮，在【点】对话框中输入（0,0,0）。

步骤 7：单击"确定"按钮，进入草绘模式，绘制 4 个点，如图 6-59 所示。

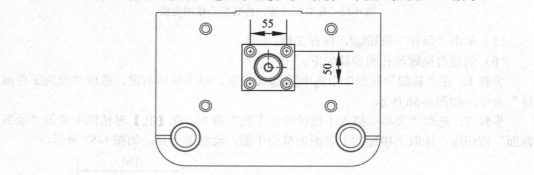

图 6-59　绘制 4 个点

步骤 8：单击"完成"按钮，在【孔】对话框中对"类型"选取"常规孔"，"形状"选取"简单孔"；把"直径"设为 ϕ9mm，对"深度限制"选取"值"，把"深度"设为 20mm，"锥顶角"设为 118°。

步骤 9：单击"完成"按钮，在凸模上创建 4 个孔，如图 6-60 所示。

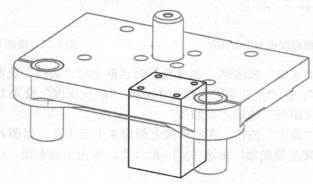

图 6-60　创建 4 个孔

步骤 10：选取"菜单 | 插入 | 设计特征 | 螺纹"命令，选取直径为 ϕ9mm 的孔。

步骤 11：在【螺纹】对话框中选取"⊙详细"单选框，把"大径"设为 10mm，"长度"设为 20mm，"螺距"设为 1mm，"角度"设为 60°，参考图 6-42。

步骤 12：单击"确定"按钮，创建 4 个螺纹，如图 6-61 中的黑色所示。

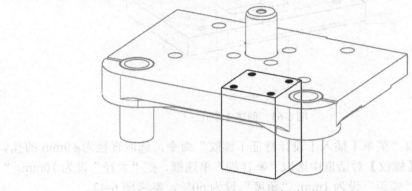

图 6-61　创建螺纹

步骤 13：在"装配导航器"中选中 ☑ 🔲 凸模固定板，单击鼠标右键，选取"设为工件部件"命令。

步骤 14：选取"菜单 | 插入 | 设计特征 | 孔"命令，在【孔】对话框中单击"绘制截面"按钮 🔲。选取凸模与上模的接触表面为草绘平面，以水平线为参考线，单击"指定点"按钮 🔂，在【点】对话框中输入（0,0,0）。

步骤 15：单击"确定"按钮，进入草绘模式，绘制 4 个点，如图 6-62 所示。

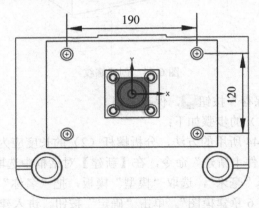

图 6-62　绘制 4 个点

步骤 16：单击"完成"按钮 🌐，在【孔】对话框中对"类型"选取"常规孔"，"形状"选取"简单孔"；把"直径"设为 ϕ9mm，对"深度限制"选取"值"；把"深度"设为 20mm，"锥顶角"设为 118°。

步骤 17：单击"完成"按钮，在凸模上创建 4 个孔，如图 6-63 所示。

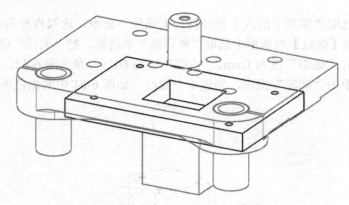

图 6-63　创建 4 个孔

步骤 18：选取"菜单 | 插入 | 设计特征 | 螺纹"命令，选取直径为 ϕ9mm 的孔。

步骤 19：在【螺纹】对话框中选取"● 详细"单选框，把"大径"设为 10mm，"长度"设为 20mm，"螺距"设为 1mm，"角度"设为 60°，参考图 6-42。

步骤 20：单击"确定"按钮，创建 4 个螺纹，如图 6-64 中的黑色所示。

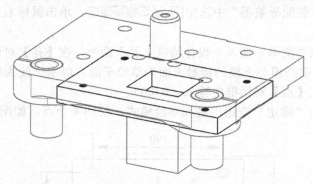

图 6-64　创建螺纹

步骤 21：单击"保存"按钮 ，保存文档。

（7）创建螺杆（二）的步骤如下：

步骤 1：先用图 6-44 所用的方法，分析螺杆（2）的长度应为 50mm。

步骤 2：选取"文件 | 新建"命令，在【新建】对话框中选取"模型"选项。在模板框中对"单位"选择"毫米"，选取"模型"模板，把"名称"设为"M10×50.prt"，对"文件夹"选取"第 6 章建模图"。单击"确定"按钮，进入建模环境。

步骤 3：选取"菜单 | 插入 | 设计特征 | 旋转"命令，在【旋转】对话框中单击"绘制截面"按钮 。选取 ZOX 为草绘平面，以 X 轴为水平参考，绘制螺杆的截面，如图 6-65 所示。

步骤 4：单击"完成"按钮 ，在【旋转】对话框中对"指定矢量"选取"ZC↑"按钮 ，"开始"选取"值"，把"角度"设为 0；对"结束"选取"值"，把"角度"设为 360°。

步骤 5：单击"指定点"按钮 ⬚，在【点】对话框中输入（0,0,0）。

步骤 6：单击"确定"按钮，创建旋转体（螺杆），如图 6-66 所示。

步骤 7：选取"菜单 | 插入 | 设计特征 | 螺纹"命令，选取直径为 φ10mm 的圆柱。在【螺纹】对话框中选取"◉ 详细"单选框，把"小径"设为 8.5mm，"长度"设为 30mm，"螺距"设为 1mm，"角度"设为 60°。

步骤 8：单击"确定"按钮，创建螺纹，如图 6-67 所示。

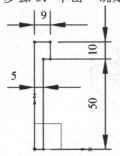
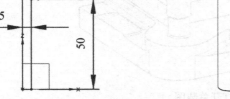

图 6-65　绘制螺杆的截面　　　　图 6-66　创建螺杆　　　　图 6-67　创建螺纹

步骤 9：单击"保存"按钮 💾，保存文档。

步骤 10：单击"打开"按钮 📂，打开第 4 章创建的"上模.prt"文件。

步骤 11：按照上文所述的方法，装配 M10×50，如图 6-68 所示。

步骤 12：单击"保存"按钮 💾，保存文档。

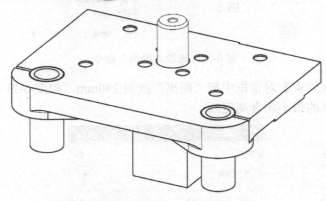

图 6-68　装配 M10×50

6.3.3　调整总装配图

（1）单击"打开"按钮 📂，打开第 4 章创建的"chongmu.prt"，即总装图，如图 6-69 所示。

（2）在"约束导航器"中选取"距离"，单击鼠标右键，选取"编辑"命令，如图 6-70 所示。

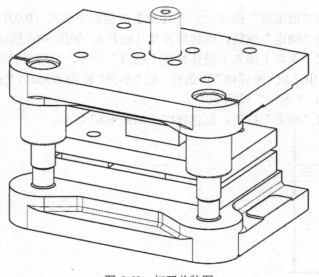

图 6-69　打开总装图

图 6-70　选取"编辑"命令

（3）在【装配约束】对话框中把"距离"改为 230mm，如图 6-71 所示（230mm 是该模具所用压力机的最小闭合高度）。

图 6-71　将"距离"改为 230mm

（4）单击"保存"按钮 ，保存文档。

6.3.4　编辑总装图

（1）创建爆炸图。

步骤 1：选取"菜单｜装配｜爆炸图｜新建爆炸图"命令，在【新建爆炸图】对话框中把"名称"设为"爆炸图 1"，如图 6-72 所示。

步骤 2：单击"确定"按钮，创建爆炸图"爆炸图 1"。

步骤 3：在主菜单中选取"装配｜爆炸图｜编辑爆炸图"命令，在【编辑爆炸图】对话框选取"◉ 选择对象"，→在装配图上选取"上模.prt"零件，→在【编辑爆炸图】对话框选取"◉ 移动对象"，→选取坐标系 Z 轴上的箭头，→在【编辑爆炸图】对话框中输入偏移距离：150mm。

步骤 4：单击"确定"按钮，移动"上模.prt"零件。

步骤 5：采用相同的方法，移动其他零件，如图 6-73 所示。

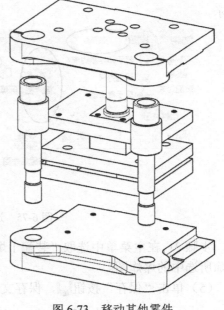

图 6-72　把"名称"设为"爆炸图 1"　　　　图 6-73　移动其他零件

（2）隐藏爆炸图：在主菜单中选取"装配｜爆炸图｜隐藏爆炸图"命令，爆炸图恢复成装配形式。

（3）显示爆炸图：在主菜单中选取"装配｜爆炸图｜显示爆炸图"命令，装配图分解成爆炸形式。

（4）删除爆炸图。

步骤 1：在横向菜单的空白处单击鼠标右键，在下拉菜单中勾选"装配"选项，如图 6-74 所示。

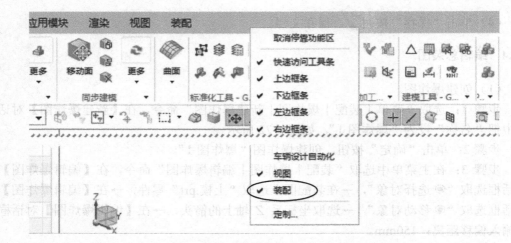

图 6-74 勾选"装配"选项

步骤 2：在横向菜单中依次单击"装配"选项→"爆炸图"→"无爆炸"，如图 6-75 所示。

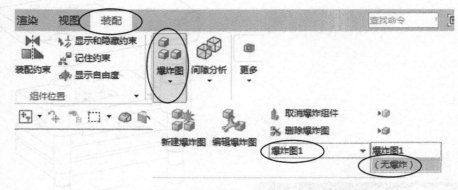

图 6-75 选择"无爆炸"命令

步骤 3：在主菜单中选取"装配｜爆炸图｜删除爆炸图"命令，单击"确定"按钮，删除所选中的爆炸图。

（5）单击"保存"按钮，保存文件。

第7章　UG冲压模具工程图设计

以第6章的实例为基础，详细介绍 UG 冲压模具工程图设计的一般步骤。

7.1　创建零件工程图

7.1.1　打开零件图

（1）单击"打开"按钮，打开第 6 章创建的总装图"chongmu.prt"。在横向菜单中依次单击"装配"选项→"爆炸图"→"无爆炸"，总装图如图 7-1 所示。

（2）在"装配导航器"中展开 下模，选中 凹模，单击鼠标右键，选择"在窗口中打开"命令，打开"凹模"的建模图，如图 7-2 所示。

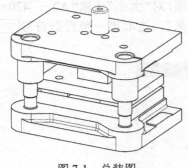

图 7-1　总装图

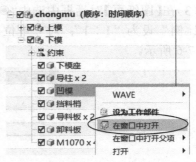

图 7-2　选择"在窗口中打开"命令

（3）按住组合键 Ctrl+W，在【显示和隐藏】对话框中单击与"基准平面"对应的符号"－"，隐藏基准平面，打开零件图，如图 7-3 所示。

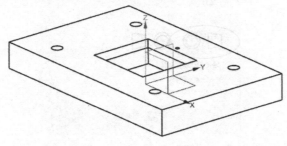

图 7-3　打开零件图

7.1.2 新建图纸页

（1）在横向菜单中先选择"应用模块"选项，再选择"制图"按钮，如图7-4所示。

图7-4 先选择"应用模块"选项，再选择"制图"按钮

（2）在横向菜单中先选择"主页"选项，再选择"新建图纸页"按钮，如图7-5所示。

图7-5 选择"新建图纸页"

（3）在【图纸页】对话框中选中"◉标准尺寸"选项，对"大小"选取"A2— 420×594"，把"比例"设为"1：1"；对"单位"选取"◉毫米"，选取第一角投影符号 ⊞ ⊙ ，如图7-6所示。

图7-6 设定【图纸页】对话框参数

（4）单击"确定"按钮，在【视图向导】对话框中选取"凹模.prt"。

（5）单击"下一步"按钮，在【视图向导】对话框中选取"☑处理隐藏线""☑显示中心线""☑显示轮廓线"复选框。

（6）单击"下一步"按钮，在【视图向导】对话框中选取"俯视图"。

（7）单击"确定"按钮，创建主视图。

（8）单击"剖视图"按钮，创建两个剖视图，如图 7-7 所示。

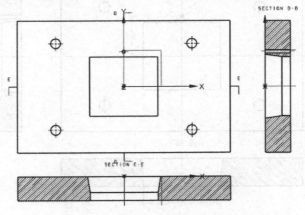

图 7-7　创建主视图和两个剖视图

（9）在屏幕左边的"部件导航器"中选取"基准坐标系"，单击鼠标右键，选取"隐藏"命令，隐藏坐标系。

7.1.3　创建中心线

（1）选取"菜单｜插入｜中心线｜2D 中心线"命令。

（2）先选左边的竖直线，再选右边的竖直线。

（3）单击"确定"按钮，创建竖直的中心线，如图 7-8 所示。

（4）采用相同的方法，创建水平中心线。

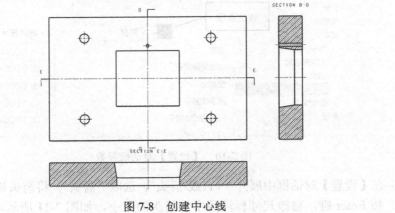

图 7-8　创建中心线

7.1.4　标注尺寸

（1）选取"菜单｜插入｜尺寸｜快速"命令，可对零件进行标注，如图 7-9 所示。

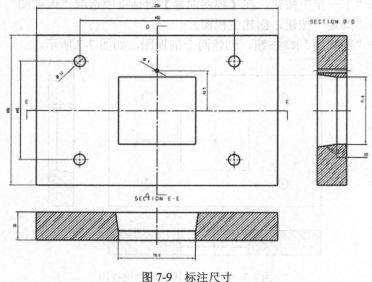

图 7-9　标注尺寸

（2）选取标注数字，单击鼠标右键，在下拉菜单中选取"设置"命令，在【设置】对话框中选取"尺寸文本"；对"颜色"选取"黑色"，"字型"选取"黑体"；把"高度"设为 10mm，"字体间隙因子"设为 0.2，"宽高比"设为 0.6，"尺寸线间隙因子"设为 0.1，如图 7-10 所示。

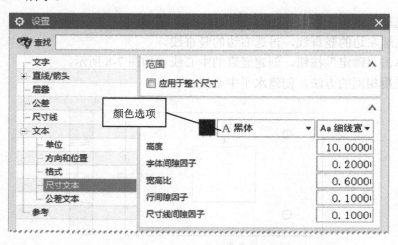

图 7-10　【设置】对话框参数

（3）在【设置】对话框中展开"+直线/箭头"，选取"箭头"，将箭头长度设为 10mm。
（4）按 Enter 键，修改尺寸标注数字和箭头的大小，如图 7-11 所示。

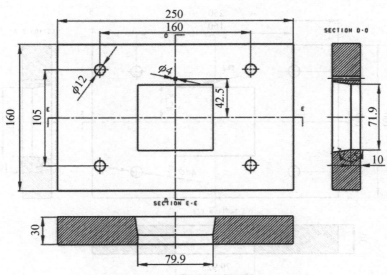

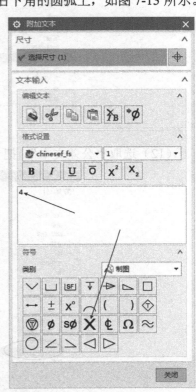

图 7-11　修改标尺数字的大小

（5）调整"φ12"标注的位置：双击"φ12"，在【半径尺寸】对话框中单击"选择对象"按钮，在绘图区中选取右下角的圆弧，"φ12"标在右下角的圆弧上，如图 7-13 所示。

（6）选中"φ12"，单击鼠标右键，在下拉菜单中选取"编辑附加文本"命令。在【附加文本】对话框中输入"4"，在符号栏中单击"×"，如图 7-12 所示。

（7）按 Enter 键，"φ12"变为"4×φ12"。此时，"4×"和"φ12"文本的大小不相同。

（8）选中"4×φ12"，单击鼠标右键，在下拉菜单中选取"设置"命令。在【设置】对话框中选取"附加文本"，把"高度"设为 10mm。

（9）按 Enter 键，"4×"和"φ12"的文本大小变成一样，如图 7-13 所示。

（10）选中"79.9"和"71.9"两个标注文本，单击鼠标右键，在下拉菜单中选取"设置"命令。在【设置】对话框中选取"单位"，将"小数位数"改为"3"。"79.9"变为"79.925"，"71.9"变为"71.925"，如图 7-13所示。

（11）选中"79.925"和"71.925"两个标注，单击鼠标右键，在下拉菜单中选取"设置"命令。在【设置】对话框中选取"公差"，对"类型"选取"单向正公差"，把"小数位数"设为 3，"公差上限"设为0.075mm，如图 7-14 所示。

图 7-12　先输入"4"，再单击"×"

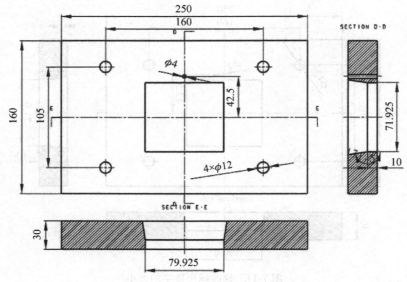

图 7-13　修改小数位数

图 7-14　【设置】对话框

（12）选取"公差文本"，把"高度"设为 5，如图 7-15 所示。

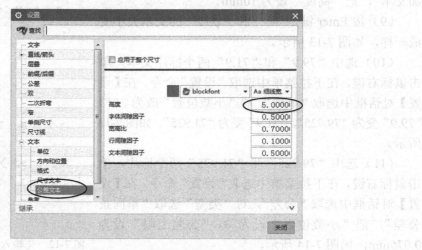

图 7-15　【设置】对话框

（13）按 Enter 键，在"79.925"和"71.925"两个标注后面添加公差，如图 7-16 所示。

（14）选中"SECTION $E-E$"，单击鼠标右键，在下拉菜单中选取"设置"命令。在【设置】对话框中选取"文本"，把"高度"设为 10mm。

（15）按 Enter 键，"SECTION $E-E$"文本的高度就调整为 10mm 了，如图 7-16 所示。

（16）采用相同的方法，调整其他文本的大小。

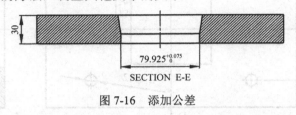

图 7-16　添加公差

（17）将光标放在"$D-D$"剖面位置的箭头上，单击鼠标右键，选取"设置"命令，如图 7-17 所示。

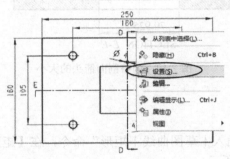

图 7-17　选取"设置"命令

（18）在【设置】对话框中选取"剖面线"，把"长度"设为 10mm，"箭头长度"设为 15mm，其他参数不变，如图 7-18 所示。

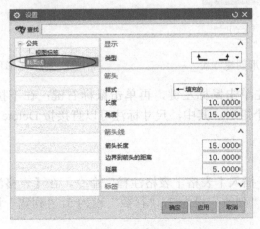

图 7-18　设置箭头大小

（19）按 Enter 键，进行剖面箭头大小的调整，如图 7-19 所示。

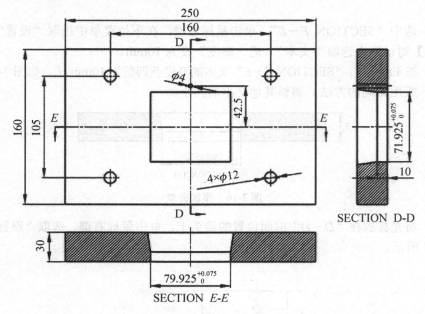

图 7-19　调整剖面箭头的大小

7.1.5　创建图框

（1）选取"菜单｜插入｜草图曲线｜矩形"命令，在【矩形】对话框中选取"按 2 点"及坐标，如图 7-20 所示。

（2）先输入第一点坐标（0,0），单击 Enter 键后，再输入矩形的宽度和高度（594, 420），如图 7-21 所示。

图 7-20　选矩形创建方式

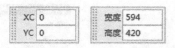

图 7-21　输入矩形顶点坐标及宽度和高度

（3）在工作区中先单击鼠标左键，再单击鼠标右键；在下拉菜单中选取"完成草图"命令 ，创建一个矩形。其中，尺寸标注可以直接按 Delete 键进行删除。

7.1.6　创建标题栏

（1）选取"菜单｜插入｜表格｜表格注释"命令，在【表格注释】对话框中对"描点"选取"右下"，把"列数"设为 7，"行数"设为 5，"列宽"设为 30mm，如图 7-22 所示。

（2）在工作区中选取图框的右下角，创建一个 7 列×5 行的表格，如图 7-23 所示。

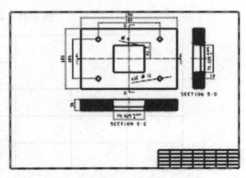

图 7-22　设置【表格注释】对话框　　　　　　图 7-23　创建 7 列×5 行的表格

（3）选择左上角的单元格，单击鼠标右键，在下拉菜单中选取"选择→行"命令，如图 7-24 所示。

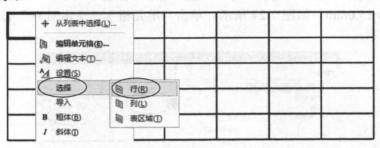

图 7-24　选取"选择→行"命令

（4）再次右击该行，在下拉菜单中选取"调整大小"命令，在动态输入框中输入"20"，把行高设为 20mm。

（5）采用相同的方法，调整其他列宽和行高，列宽为 40mm，行高为 20mm，如图 7-25 所示。

（6）选取右下角的 8 个单元格，单击鼠标右键，在下拉菜单中选取"合并单元格"命令，把所选的 8 个单元格合并为一个单元格，如图 7-26 所示。

（7）采用相同的方法，合并其他单元格。

（8）双击右下角的表格，在动态文本框中输入"×××学校"，如图 7-26 所示（所输入的文本字体较小，有的文本是用"□□□"表示，这是因为字体不符）。

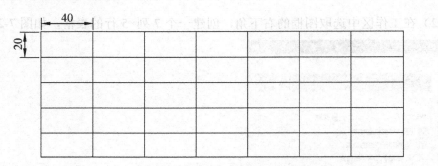

图 7-25 调整行高与列宽

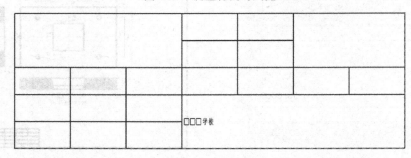

图 7-26 合并单元格后输入文本

（9）选取所输入的文本，单击鼠标右键，在下拉菜单中选取"设置"命令。在【设置】对话框中选取"文字"选项，对"颜色"选取"黑色"，"字体"选取"宋体"；把"高度"设为 15.0mm，如图 7-27 所示。单击"单元格"，"文本对齐"选取"中心"，如图 7-28 所示。

图 7-27 设置文本高度

图 7-28 设置文本对齐方式为"中心"

（10）同样的方法，创建其他表格的文本，如图 7-29 所示。

提示：如果单元格中的文字显示为#######，这是因为字体高度太大。将文本的高度调小，即可正常显示。

落料模		比例	1:1	凹模	
		件数	1件		
设计	（日期）	材料	Cr12	成绩	
校对	（日期）	×××学校			
审核	（日期）				

图 7-29　工程图标题栏

7.1.7　注释文本

（1）选取"菜单｜插入｜注释｜注释"命令，在【注释】对话框中输入文本，如图 7-30 所示。

（2）在图框中选取适当位置后，即可添加注释文本。

（3）选取刚才创建的文本，单击鼠标右键。在下拉菜单中选取"设置"命令，在【设置】对话框中对"颜色"选取"黑色"，"字体"选取"仿宋"，把"高度"设为 10mm，参考图 7-10。

（4）按 Enter 键即可更改文本，如图 7-31 所示。

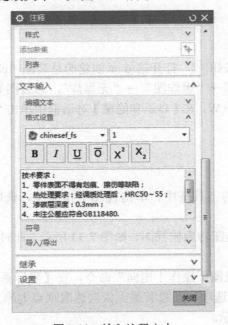

图 7-30　输入注释文本

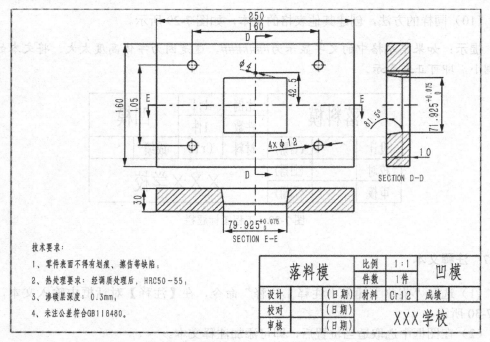

图7-31　添加注释文本

7.2　创建总装图的工程图

7.2.1　打开总装图

（1）单击"打开"按钮，打开第6章创建的总装图"chongmu.prt"。在横向菜单中依次单击"装配"选项→"爆炸图"→"无爆炸"，总装图如图7-1所示。

（2）按住组合键Ctrl+W，在【显示和隐藏】对话框中单击"基准平面"对应的"—"，隐藏基准平面。

7.2.2　创建视图

（1）在工作区上方的工具条中，单击视图下拉菜单，选取"俯视图"按钮，如图7-32所示。

（2）工作区中的总装图转为俯视图，如图7-33所示。此时的视图没有摆正，需要调整视角。

（3）选取"菜单|视图|操作|定向"命令，在【坐标系】对话框中对"类型"选取"X轴、Y轴、原点"选项。在总装图上依次选取顶点为原点、水平线为X轴、竖直线为Y轴，如图7-34所示。

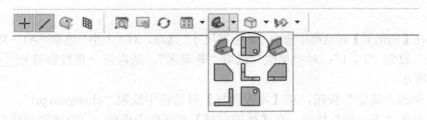

图 7-32　选"俯视图"按钮

提示：双击坐标轴，可以改变坐标轴的方向。

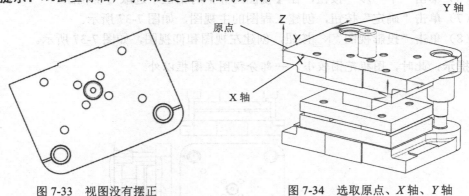

图 7-33　视图没有摆正　　　　　图 7-34　选取原点、*X* 轴、*Y* 轴

（4）单击"确定"按钮，总装图调整视图，如图 7-35 所示。

（5）选取"菜单丨视图丨操作丨另存为"命令，在【保存视图】对话框中输入"主视图"，如图 7-36 所示。

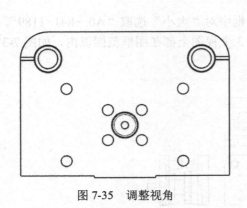

图 7-35　调整视角　　　　　图 7-36　输入"主视图"

7.2.3　新建图纸页

（1）在横向菜单中先选择"应用模块"选项，再选择"制图"按钮，如图 7-4 所示。

（2）在横向菜单中先选择"主页"选项，再选择"新建图纸页"按钮，如图 7-5

所示。

（3）在【图纸页】对话框中选中"◉ 标准尺寸"选项，对"大小"选取"A1－594×841"，把"比例"设为"1∶1"；对"单位"选取"◉ 毫米"，选取第一角投影符号 ⊟ ⊕，参考图 7-6 所示。

（4）单击"确定"按钮，在【视图向导】对话框中选取"chongmu.prt"。

（5）单击"下一步"按钮，在【视图向导】对话框中选取"☑处理隐藏线""☑显示中心线""☑显示轮廓线"复选框。

（6）单击"下一步"按钮，在【视图向导】对话框中选取"主视图"。

（7）单击"确定"按钮，创建工程图的主视图，如图 7-37 所示。

（8）单击"投影视图"⬜按钮，创建左视图和仰视图，如图 7-37 所示。

提示： 此时，图框范围较小，一部分视图在图框以外。

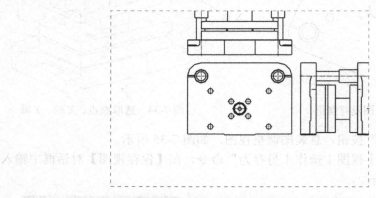

图 7-37　创建主视图、仰视图、左视图

（9）双击图框的边线，在【图纸页】对话框中对"大小"选取"A0－841×1189"。

（10）单击"确定"按钮，图框自动放大，3 个视图全部在图框范围以内，如图 7-38 所示。

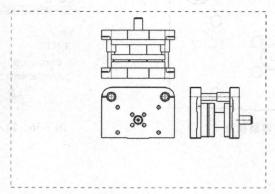

图 7-38　总装图

（11）单击"剖视图" 按钮，以仰视图为父视图，再创建一个剖视图，如图 7-39 所示。

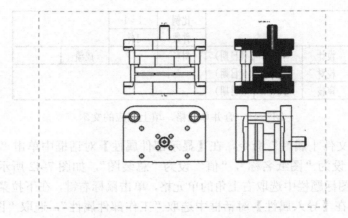

图 7-39　新建一个剖视图

（12）在剖面图中双击剖面线，在【剖面线】对话框中把"距离"设为 10mm。单击 "确定"按钮，重新调整剖面线的间距。

7.2.4　创建标题栏

（1）选取"菜单｜插入｜草图曲线｜矩形"命令，在【矩形】对话框中选取"按 2 点"及坐标，参考图 7-20。

（2）先输入第一点坐标（0,0），单击 Enter 键后，再输入矩形的宽度和高度（841，1189），参考图 7-21。

（3）在工作区中先单击鼠标左键，再单击鼠标右键。在下拉菜单中选取"完成草图"命令 ，创建一个矩形。其中，尺寸标注可以直接按 Delete 键进行删除。

（4）选取"菜单｜插入｜表格｜表格注释"命令，在【表格注释】对话框中对"描点"选取"右下"；把"列数"设为 7，"行数"设为 5，"列宽"设为 80mm，参考图 7-22。

（5）在工作区中选取图框的右下角，创建一个 7 列×5 行的表格，参考图 7-23。

（6）按照零件工程图中修改表格的方法，修改表格的尺寸，尺寸如图 7-40 所示。

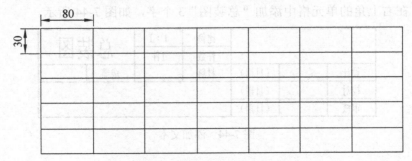

图 7-40　调整行高与列宽

（7）合并单元格，填上相应的文本，如图 7-41 所示（按前面的方法，调整文本的大小）。

			比例	1:1		
			件数	1件		
设计		（日期）	材料		成绩	
校对		（日期）				
审核		（日期）				

图 7-41　合并单元格，填上相应的文本

（8）单击"文件｜属性"命令，在【显示部件属性】对话框中单击"属性"选项；把"标题/别名"设为"图纸名称"，"值"设为"总装图"，如图 7-42 所示。

（9）在工程图标题栏中选取右上角的单元格，单击鼠标右键，在下拉菜单中选取"导入|属性"命令。在【导入属性】对话框中选取"工作部件属性"，选取"图纸名称"，如图 7-43 所示。

图 7-42　设定【显示部件属性】对话框

图 7-43　【导入属性】对话框

（10）在右上角的单元格中添加"总装图"3 个字，如图 7-44 所示。

			比例	1:1	总装图	
			件数	1件		
设计		（日期）	材料		成绩	
校对		（日期）				
审核		（日期）				

图 7-44　添加文本

（11）单击“文件 | 属性”命令，在【显示部件属性】对话框中单击“属性”选项；把“标题/别名”设为“学校名称”，“值”设为“×××学校”。单击“应用”按钮，把“标题/别名”设为“模具名称”，“值”设为“落料模”。再单击“应用”按钮，把“标题/别名”设为“材料”，“值”设为“冷板”，最后单击“确定”按钮。

（12）按照前面的方法，在其他单元格中添加文本，如图 7-45 所示。

提示：也可以用前面介绍的方式添加文本，但在这里建议大家用这种方法，以后在工作中将会灵活很多。

<table>
<tr><td colspan="3" rowspan="2">落料模</td><td>比例</td><td>1:1</td><td colspan="2" rowspan="2">总装图</td></tr>
<tr><td>件数</td><td>1件</td></tr>
<tr><td>设计</td><td></td><td>(日期)</td><td>材料</td><td>冷板</td><td>成绩</td><td></td></tr>
<tr><td>校对</td><td></td><td>(日期)</td><td colspan="4" rowspan="2">×××学校</td></tr>
<tr><td>审核</td><td></td><td>(日期)</td></tr>
</table>

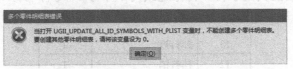

图 7-45 添加文本

7.2.5 创建明细表

（1）选取“菜单 | 插入 | 表格 | 零件明细表”命令，如果在创建明细表时出现图 7-46 所示的错误提示，请单击“我的电脑→单击鼠标右键→属性→系统属性→高级→环境变量→新建”，在【新建系统变量】对话框中，将“变量名（N）”设为“UGII_UPDATE_ALL_ID_SYMBOLS_WITH_PLIST”，“变量值”设为 0，如图 7-47 所示，重新启动 UG。

图 7-46 提示错误

（2）对于第一次创建明细表的 UG 用户，所创建的明细表如图 7-48 所示。

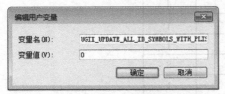

图 7-47 编辑用户变量

2	下模	1
1	上模	1
PC N0	PART NAME	QTY

图 7-48 明细表

（3）把鼠标放在明细表左上角处，待明细表加强显示后，单击鼠标右键，在下拉菜单中选取“编辑级别”命令。在【编辑级别】对话框中单击“仅叶节点”按钮，如图 7-49 所示。

（4）单击“√”确认按钮，展开明细表。此时的明细表中“上模”和“下模”两栏已消失，如图 7-50 所示。

13	卸料板	1
12	挡料销	1
11	导料板	2
10	导柱	2
9	M1070	4
8	凹模	1
7	下模座	1
6	M1050	8
5	凸模固定板	1
4	凸模	1
3	上模座	1
2	导套	2
1	模柄	1
PC N0	PART NAME	OTY

图 7-49 【编辑级别】对话框

图 7-50 展开明细表

7.2.6 修改明细表

（1）双击最下面的英文字符，将标题改为"序号""零件名称""数量"，如图 7-51 所示。

13	卸料板	1
12	挡料销	1
11	导料板	2
10	导柱	2
9	M1070	4
8	凹模	1
7	下模座	1
6	M1050	8
5	凸模固定板	1
4	凸模	1
3	上模座	1
2	导套	2
1	模柄	1
序号	零件名称	数量

图 7-51 修改标题

（2）选择明细表最右边的单元格，单击鼠标右键，选择"选择"命令，选取"列"命令。

（3）再次选择该列，单击鼠标右键，选取"插入 | 在右侧插入列"，明细表的右侧添加一列，如图 7-52 所示。

13	卸料板	1	
12	挡料销	1	
11	导料板	2	
10	导柱	2	
9	M1070	4	
8	凹模	1	
7	下模座	1	
6	M1050	8	
5	凸模固定板	1	
4	凸模	1	
3	上模座	1	
2	导套	2	
1	模柄	1	
序号	零件名称	数量	

图 7-52　在右侧插入一列

（4）在"装配导航器"中展开 ⊞ ☑🔧 下模，选中 ☑📦 卸料板。单击鼠标右键，在下拉菜单中选取"属性"命令，如图 7-53 所示。

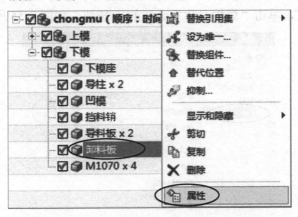

图 7-53　选取"卸料板"

（5）在【属性】对话框中选取"新建"按钮，把"标题/别名"设为"材质"，"值"设为"45#"，如图 7-54 所示。

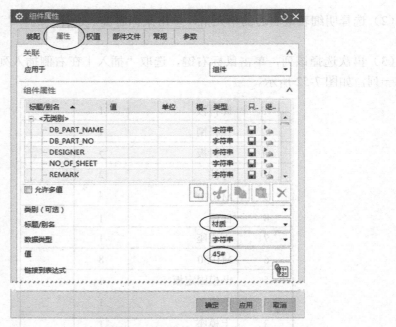

图 7-54　新建组件属性

（6）采用上述方法，给其他零件添加材质属性：上模座、下模座、模柄、挡料销、导料板、凸模固定板的材质为 45 号钢，螺杆（M1050）、螺杆（M1070）的材质为 Q235，凹模、凸模的材质为 Cr12MoV，导柱、导套的材质为轴承钢。

（7）在明细表上选择刚才添加的空白列，单击鼠标右键，在下拉菜单选取"选择｜列"命令。

（8）再次选择该列，单击鼠标右键，在下拉菜单中选取"设置"命令。在【设置】对话框中选取"列"，单击"属性名称"旁边的 ┗… 按钮，如图 7-55 所示。

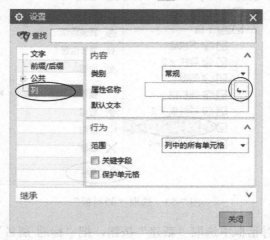

图 7-55　先选取"列"，再单击 ┗… 按钮

（9）在【属性名称】对话框中选取"材质"，如图 7-56 所示。

（10）单击"确定"按钮，在明细表空白列中添加零件的材质，如图 7-57 所示（有的计算机中这一列可能没有方框）。

图 7-56　选取"材质"

13	卸料板	1	45#
12	挡料销	1	45#
11	导料板	2	45#
10	导柱	2	轴承钢
9	M1070	4	0235
8	凹模	1	Cr12MoV
7	下模座	1	45Y
6	M1050	8	0235
5	凸模固定板	1	45#
4	凸模	1	Cr12MoV
3	上模座	1	45#
2	导套	2	轴承钢
1	模柄	1	45#
序号	零件名称	数量	材质

图 7-57　添加"材质"列

提示：如果此时表格中显示的不是文字而是####，那是因为文字的高度大于表格的行高。增大明细表的行高，即可显示文字内容。

（11）选取最右边的列，单击鼠标右键，选取"选择→列"命令。

（12）再次选取最右边的列，单击鼠标右键，选取"调整大小"命令，在动态框中把"列宽"设为 40mm。

（13）单击"确定"按钮，右边列的列宽就被调整为 40mm，如图 7-58 所示。

（14）选取最右边的列，单击鼠标右键，选取"选择→列"。再次选取最右边的列，单击鼠标右键，选取"设置"。在【设置】对话框中单击"单元格"，在"边界"中选择"实体线"，给右边的列添加边框，如图 7-59 所示。

13	卸料板	1	45#
12	挡料销	1	45#
11	导料板	2	45#
10	导柱	2	轴承钢
9	M1070	4	0235
8	凹模	1	Cr12MoV
7	下模座	1	45Y
6	M1050	8	0235
5	凸模固定板	1	45#
4	凸模	1	Cr12MoV
3	上模座	1	45#
2	导套	2	轴承钢
1	模柄	1	45#
序号	零件名称	数量	材质

图 7-58　调整右侧列的宽度

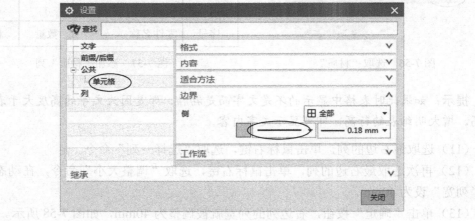

图 7-59　【设置】对话框

7.2.7　在装配图上生成序号

（1）把鼠标放在明细表左上角处，待明细表加强显示后，单击鼠标右键，在下拉菜单中选取"自动符号标注"命令，如图 7-60 所示。

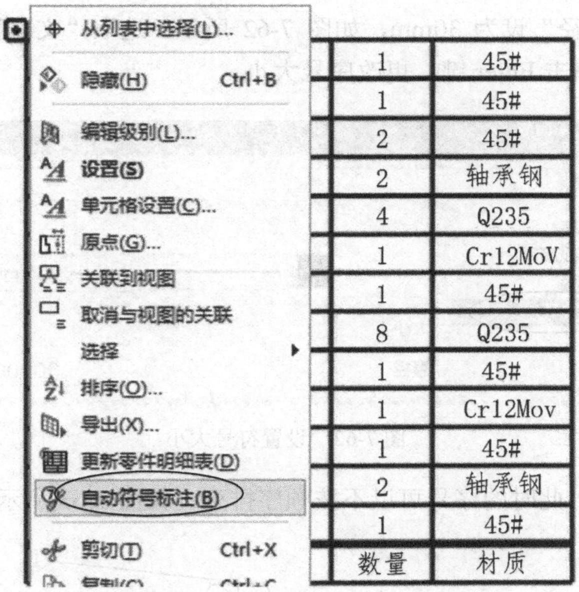

数量	材质
1	45#
1	45#
2	45#
2	轴承钢
4	Q235
1	Cr12MoV
1	45#
8	Q235
1	45#
1	Cr12Mov
1	45#
2	轴承钢
1	45#
数量	材质

图 7-60　选取"自动符号标注"命令

（2）选取剖视图，单击"确定"按钮，在该视图上添加序号。此时的序号是没有按顺序排列，如图 7-61 所示。

提示：由于下模螺杆和上模螺杆在剖视图上没有体现出来，故这里也没有序号。

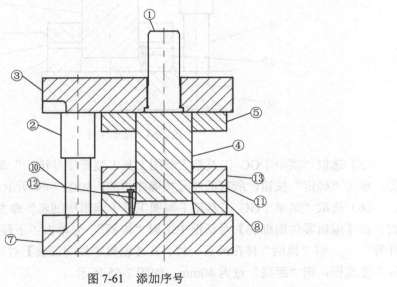

图 7-61　添加序号

（3）选取全部序号，单击鼠标右键，在下拉菜单中选取"设置"命令，在【设置】对话框中选取"符号标注"选项；对颜色选取"黑色" ■，线型选取"—"，线宽选取

"0.25mm"，把"直径"设为 30mm，如图 7-62 所示。选取"文字"选项，把"文本高度"设为 20mm，单击 Enter 键，更改序号大小。

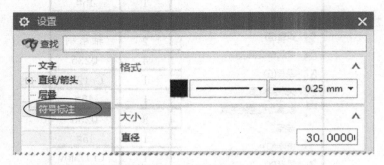

图 7-62　设置符号大小

（4）拖动序号，此时的序号可以不按顺序排列，如图 7-63 所示。

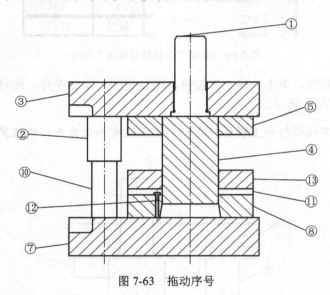

图 7-63　拖动序号

（5）选取"菜单｜GC 工具箱｜制图工具｜装配序号排序"命令，选择第一个序号①。单击"确定"按钮，所有的序号按顺序排列，如图 7-64 所示。

（6）选取"菜单｜GC 工具箱｜制图工具｜编辑明细表"命令，在图框中选取明细表。在【编辑零件明细表】对话框中选取"模柄"，先单击"下移" ⬇️，再单击"更新件号" ⬇️，将"模柄"排在最后一位。在【编辑零件明细表】对话框中勾选"☑对齐件号"复选框，把"距离"设为 40mm，如图 7-65 所示。

（7）单击"确定"按钮，明细表的序号就重新排列了，视图上的序号也重新按顺序排列，与剖视图的距离为 40mm，如图 7-66 所示。

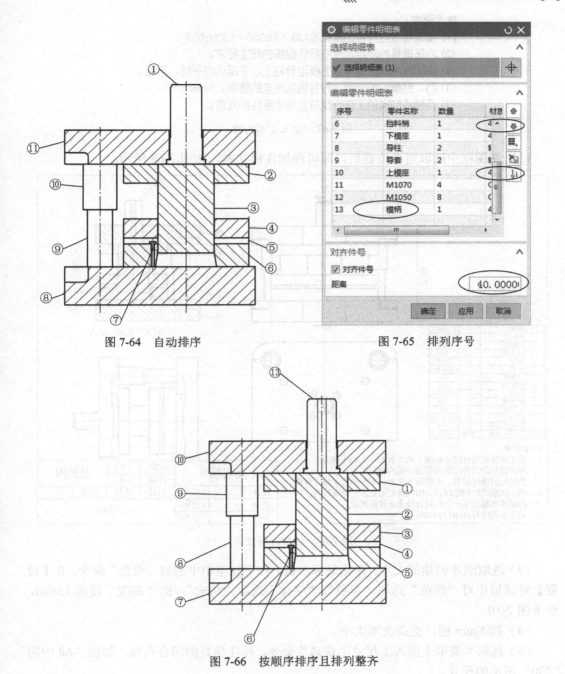

图 7-64　自动排序

图 7-65　排列序号

图 7-66　按顺序排序且排列整齐

7.2.8　注释文本

（1）选取"菜单｜插入｜注释｜注释"命令，在【注释】对话框中输入如图 7-67
所示的文本。

技术要求:

(1) 模架精度应符合国家标准(JB／T8050－1999)规定。

(2) 冲压模具的闭合高度应符合图纸的规定要求。

(3) 装配好的冲压模具,上模沿导柱上、下滑动应平稳、可靠。

(4) 凸、凹模间的间隙应符合图纸规定的要求,分布均匀。

(5) 凸模或凹模的工作行程符合技术条件的规定。

图 7-67　输入文本内容

（2）在图框中选取适当位置后，即可添加注释文本，如图 7-68 所示。

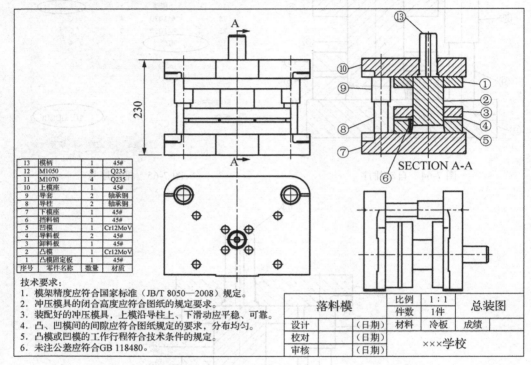

图 7-68　添加注释文本

（3）选取刚才创建的文本，单击鼠标右键，在下拉菜单中选取"设置"命令。在【设置】对话框中对"颜色"选取"黑色"，"字体"选取"仿宋"，把"高度"设为 15mm，参考图 7-10。

（4）按 Enter 键，更改文本大小。

（5）选取"菜单｜插入｜尺寸｜快速"命令，标注模具的闭合高度，如图 7-68 中的"230"所示的尺寸。

（6）单击"保存"按钮，保存文档。

第8章 UG 冲孔模具设计

本章以一个简单的落料模具为例，详细说明 UG 冲孔模具设计的一般过程，零件材料为 SPCC 冷板，尺寸为 80mm×72mm×2mm，未注公差按 IT12，产品尺寸如图 8-1 所示。

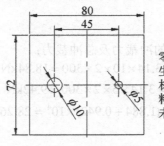

零件名称：装饰板
生产批量：大批量
材料：SPCC冷板
料厚：2mm
未注公差按IT12

图 8-1　产品尺寸

8.1　工　艺　分　析

8.1.1　产品分析

（1）该产品是属于冲孔模具，它是在落料件的基础上再次冲孔而形成的。

（2）产品上有两个小孔，两个小孔必须由同一套模具上进行一次性加工成形。

（3）由于两个孔的直径不相等，因此必须通过计算才能确定压力中心的位置。

（4）在计算凸模、凹模尺寸时，取最小合理间隙 Z_{min} 与最大合理间隙 Z_{max} 中间的数值。

（5）刃口尺寸的制造偏差方向：凸模、凹模磨损后，尺寸偏大的取 $+\delta$，尺寸偏小的取 $-\delta$。

8.1.2　计算压力中心

因为两个孔的圆心的连线与产品长度方向的边线平行，所以，压力中心也在两个孔的圆心的连线上。假设两孔连线为 X 轴，则压力中心的 Y 坐标为 0，现只需计算压力中心的 X 值，压力中心的计算公式（5-20）为

$$x = \frac{L_1 x_1 + L_2 x_2}{L_1 + L_2} = \frac{2\pi r_1 x_1 + 2\pi r_2 x_2}{2\pi r_1 + 2\pi r_2} = \frac{r_1 x_1 + r_2 x_2}{r_1 + r_2} = \frac{2.5 \times 22.5 + 5 \times (-22.5)}{2.5 + 5} = -7.5\text{mm}$$

该工件的压力中心在两圆圆心的连线上，与两圆圆心连线的中点的距离为 7.5mm，偏向大圆一侧；与大圆圆心的距离为 22.5-7.5=15mm，与小圆圆心的距离为 22.5+7.5=30mm。

8.1.3 选用压力机

查表 5-7《材料抗剪、抗拉强度》可知，SPCC 冷板的抗剪强度为 260MPa 以上，考虑到实际工作中的异常情况，在计算冲裁压力时，抗剪强度值稍微大一些，取这种材料的抗剪强度值为 300MPa。

1. 计算冲裁力

按式（5-10），分别计算两个孔的冲裁力及总冲裁力：

$$F_{c1} = Lt\tau_b = 3.14 \times 10 \times 2 \times 300 = 18.84\text{kN}$$
$$F_{c2} = Lt\tau_b = 3.14 \times 5 \times 2 \times 300 = 9.42\text{kN}$$
$$F_c = F_{c1} + F_{c2} = (1.884 + 0.942) \times 10^4 = 28.26\text{kN}$$

2. 计算卸料力

因工件轮廓较小，宜采用橡胶棒卸料的方式，即在凸模上安装橡胶棒。在冲裁时，还需要同时压缩卸料橡胶棒，压缩橡胶棒的力等于卸料力。因此，在计算冲裁力时，应将压缩橡胶的力归到总的冲裁力里。

从表 5-1 中可知，该材料的最小间隙为 $Z_{min} = 0.30$mm，最大间隙为 $Z_{max} = 0.34$mm。取中间值 0.32mm，则单面间隙与料厚的比值为

$$Z = \frac{0.32}{2 \times 2.0} \times 100\% = 8\%$$

从表 5-8 中可知，该材料的卸料力系数 K_x 为 0.015～0.03，取中间值，则 K_x 为 0.0225。按式（5-11），两个孔的卸料力及总卸料力分别为

$$F_{x1} = K_x F_{c1} = 0.0225 \times 1.884 \times 10^4 = 0.42\text{kN}$$
$$F_{x2} = K_x F_{c2} = 0.0225 \times 0.942 \times 10^4 = 0.21\text{kN}$$
$$F_x = F_{x1} + F_{x2} = (4.2 + 2.1) \times 10^2 = 0.63\text{kN}$$

3. 计算推件力

取凹模刃口垂直位的高度为 10mm，因此，塞在凹模内的工件数量最多为

$$n = \frac{\text{竖直位高度}}{\text{材料厚度}} = \frac{10}{2} = 5\text{个}$$

查表 5-8 可知，该材料的推料力系数 K_t 为 0.03～0.05，取最大值 K_t 为 0.05。根据式（5-12），推件力为

$$F_t = nK_t F_c = 5 \times 0.05 \times 2.826 \times 10^4 = 7.07\text{kN}$$

4. 计算工作压力

在计算实际工作压力时，考虑到工作中的异常情况，应将理论值乘以 1.3 倍。根据式（5-16），则最小压力为

$$F = 1.3 \times (F_c + F_t + F_x) = 1.3 \times (2.826 + 0.707 + 0.063) \times 10^4 = 46.7 \text{kN}$$

从表 5-9《压力机规格》中可知，该零件适用 63kN 的压力机。该机的主要参数如下：最大封闭高度为 150mm，最小封闭高度为 110mm，封闭高度调节量为 40mm，工作台尺寸为 300mm×240mm，工作台落料孔尺寸为 155mm×80mm，直径为 ϕ140mm，模柄孔尺寸为 ϕ25mm×50mm。

8.1.4 计算模具工作部件的尺寸

（1）本例是一个冲孔模，适合用凸模与凹模尺寸分开计算法计算凹模与凸模的尺寸。

（2）查表 5-1 可知，Z_{min}=0.30mm，Z_{max}=0.34mm，则

$$Z_{max} - Z_{min} = 0.34 - 0.3 = 0.04 \text{mm}$$

（3）该工件的未注公差为 IT12 级，查表 5-4《公差值》可知，ϕ5mm 圆孔对应的公差为 0.12mm，按对称公差 ϕ5±0.06mm 计算，ϕ10mm 圆孔对应的公差为 0.15mm，按对称公差 ϕ10±0.075mm 计算，两个圆孔中心距为 45mm，对应的公差为 0.25mm，按对称公差 45±0.125mm 计算。该产品的零件图上标注公差后，如图 8-2 所示。

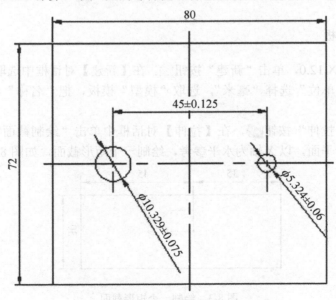

图 8-2 产品零件图

（4）按照模具刃口尺寸的精度必须比冲裁件尺寸精度高 2～3 级进行加工的原则，在加工该冲孔模的凸模、凹模时，按 IT10 级的精度要求制造。ϕ10mm 冲孔模的凸、凹模尺寸公差为 0.058mm，对称公差为 ϕ10±0.029mm；ϕ5mm 冲孔模的凸模、凹模尺寸

公差为0.048mm，对称公差为$\phi 5\pm0.024$mm。查表5-2《磨损系数》可知，磨损系数x应取1。

（5）查表5-3可知，δ_A为0.02mm，δ_T为-0.02mm，$|\delta_A|+|\delta_T|$=0.02+0.02=0.04mm

$$Z_{max}-Z_{min}=0.34-0.3=0.04\text{mm}$$

$$|\delta_A|+|\delta_T|=Z_{max}-Z_{min} \quad \text{（满足式5-6）}$$

$\phi 10$mm冲孔模尺寸（按照式5-3和5-4）：

$$d_T=(d_{min}+x\Delta)_{-\delta_T}^{0}=(9.971+1\times0.058)_{-0.02}^{0}=10.029_{-0.02}^{0}\text{mm}$$

$$d_A=(d_T+Z_{min})_{0}^{+\delta_A}=(10.029+0.3)_{0}^{+0.02}=10.329_{0}^{+0.02}\text{mm}$$

$\phi 5$mm冲孔模尺寸：

$$d_T=(d_{min}+x\Delta)_{-\delta_T}^{0}=(4.976+1\times0.048)_{-0.02}^{0}=5.024_{-0.02}^{0}\text{mm}$$

$$d_A=(d_T+Z_{min})_{0}^{+\delta_A}=(5.024+0.3)_{0}^{+0.02}=5.324_{0}^{+0.02}\text{mm}$$

两个孔的中心距（按照式5-5）：

$$L_d=L\pm\frac{1}{8}\Delta=45\pm\frac{0.25}{8}=45\pm0.031\text{mm}$$

8.2　UG冲压模具的设计过程

8.2.1　创建凹模板

（1）启动NX 12.0，单击"新建"按钮。在【新建】对话框中选取"模型"选项，在模板框中对"单位"选择"毫米"，选取"模型"模板，把"名称"设为"冲孔模凹模.prt"。

（2）单击"拉伸"按钮，在【拉伸】对话框中单击"绘制截面"按钮。选取XOY平面为草绘平面，以X轴为水平参考，绘制一个矩形截面，如图8-3所示。

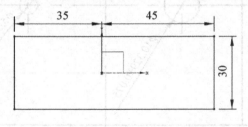

图8-3　绘制一个矩形截面

（3）单击"完成"按钮，在【拉伸】对话框中对"指定矢量"选取"ZC↑"按钮，把"开始距离"设为0，"结束距离"设为30mm，对"布尔"选取"无"。

（4）单击"确定"按钮，创建一个长方体，如图8-4所示。

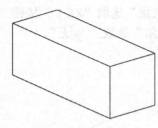

图 8-4　创建长方体

（5）单击"拉伸"按钮，在【拉伸】对话框中单击"绘制截面"按钮。选取 *XOY* 平面为草绘平面，以 *X* 轴为水平参考，绘制两个圆形截面，如图 8-5 所示。

（6）单击"完成"按钮，在【拉伸】对话框中对"指定矢量"选取"ZC↑"按钮，把"开始距离"设为 0，"结束距离"设为 30mm，对"布尔"选取"减去"。

（7）单击"确定"按钮，在长方体中间创建两个圆形的通孔，如图 8-6 所示。

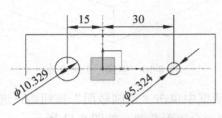

图 8-5　绘制两个圆形截面

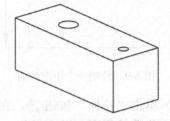

图 8-6　创建两个通孔

（8）单击"拉伸"按钮，在【拉伸】对话框中单击"绘制截面"按钮。选取 *XOY* 平面为草绘平面，以 *X* 轴为水平参考，再次绘制两个圆形截面，如图 8-7 所示。

（9）单击"完成"按钮，在【拉伸】对话框中"指定矢量"选取"ZC↑"按钮；把"开始距离"设为 0，"结束距离"设为 20mm，对"布尔"选取"减去"。

（10）单击"确定"按钮，在长方体中间创建两个圆形的沉头孔，如图 8-8 所示。

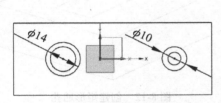

图 8-7　再次绘制圆形截面

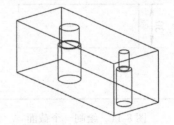

图 8-8　创建两个沉头孔

8.2.2　创建凹模板固定板

（1）启动 NX 12.0，单击"新建"按钮。在【新建】对话框中选取"模型"选项。在模板框中对"单位"选择"毫米"，选取"模型"模板，把"名称"设为"冲孔模凹模固定板.prt"。

（2）单击"拉伸"按钮，在【拉伸】对话框中单击"绘制截面"按钮。选取 *XOY* 平面为草绘平面，以 *X* 轴为水平参考，绘制一个矩形截面（120mm×100mm），如图 8-9 所示。

（3）单击"完成"按钮🔳，在【拉伸】对话框中对"指定矢量"选取"ZC↑"按钮
^{ZC↑}；把"开始距离"设为0，"结束距离"设为30mm，对"布尔"选取"🔘无"。

（4）单击"确定"按钮，创建一个长方体，如图8-10所示。

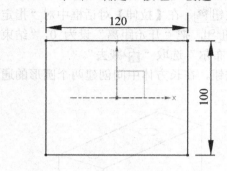

图8-9 绘制一个矩形截面

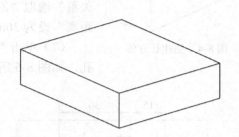

图8-10 创建一个长方体

（5）单击"拉伸"按钮🔳，在【拉伸】对话框中单击"绘制截面"按钮🔳。选取
*XOY*平面为草绘平面，以*X*轴为水平参考，绘制一个矩形截面，如图8-11所示。

（6）单击"完成"按钮🔳，在【拉伸】对话框中"指定矢量"选取"ZC↑"按钮^{ZC↑}，
"开始距离"设为0，"结束距离"设为30mm，"布尔"选取"🔘减去"。

（7）单击"确定"按钮，在长方体中间创建矩形通孔（固定孔），如图8-12所示。

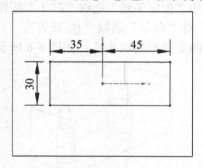

图8-11 绘制一个截面

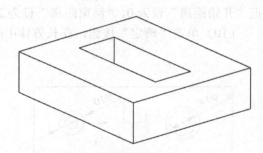

图8-12 创建矩形通孔

（8）选取"菜单｜插入｜设计特征｜孔"命令，在【孔】对话框中单击"绘制
截面"按钮🔳。选取上表面为草绘平面，以X轴为水平参考，绘制4个点，如图8-13
所示。

（9）单击"完成"按钮🔳，在【孔】对话框中对"类型"选取"常规孔"，"形状"
选取"简单孔"；把"直径"设为φ4mm，对"深度限制"选取"贯通体"，"布尔"选
取"🔘减去"。

（10）单击"完成"按钮，创建4个孔，如图8-14所示。

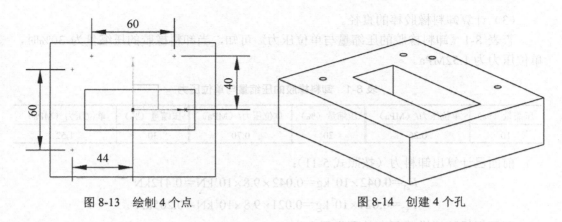

图 8-13　绘制 4 个点　　　　　　图 8-14　创建 4 个孔

8.2.3　创建卸料橡胶棒

（1）该套模具是冲孔模，采用橡胶棒卸料。橡胶棒的形状为圆筒状，包裹在凸模的周围。冲压时，橡胶棒被压缩。冲压结束后，橡胶棒将恢复形状，把包箍在凸模上的铁料从凸模上卸除。

（2）计算卸料橡胶棒的高度。

凹模刃口竖直位的高度为 10mm，假设在冲孔前凸模顶面与橡胶棒顶面的距离为 2mm，在冲孔后凸模超出刃口 2mm，材料的厚度 2mm，如图 8-15 所示。

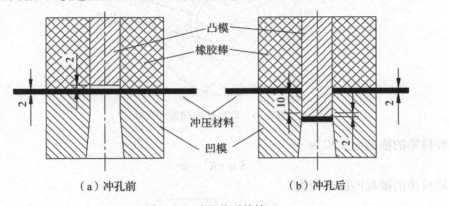

（a）冲孔前　　　　　　　　　　（b）冲孔后

图 8-15　冲孔前后的情况

橡胶棒被压缩的高度为

$$10+2+2+2=16mm$$

按照橡胶棒的压缩量不超过 30%计算，则橡胶棒的总高度应为

$$h=\frac{16}{0.3}=53.33mm$$

（3）计算卸料橡胶棒的直径。

查表 8-1《卸料橡胶的压缩量与单位压力》可知，当卸料橡胶的压缩量为 30%时，单位压力为 1.52MPa。

表 8-1　卸料橡胶的压缩量与单位压力

压缩量（%）	单位压力/（MPa）	压缩量（%）	单位压力/（MPa）	压缩量（%）	单位压力（MPa）
10	0.26	20	0.70	30	1.52

前面已计算出卸料力（按照式 5-11）：

$$F_{x1}=0.042\times10^3\text{kg}=0.042\times9.8\times10^3\text{kN}=0.412\text{kN}$$

$$F_{x2}=0.021\times10^3\text{kg}=0.021\times9.8\times10^3\text{kN}=0.205\text{kN}$$

则两根橡胶棒横截面有效面积至少为

$$S_1=\frac{412}{1.52}=271\text{mm}^2$$

$$S_2=\frac{205}{1.52}=135\text{mm}^2$$

卸料棒的横截面形状如图 8-16 所示，其中，R 为卸料棒的直径，r 为凸模的直径。

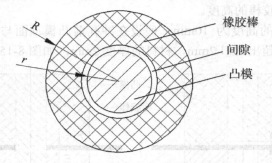

　　　　　　　　　　　　　　橡胶棒
　　　　　　　　　　　　　　间隙
　　　　　　　　　　　　　　凸模

图 8-16　卸料棒的横截面形状

卸料棒的横截面面积为

$$S = \pi R^2 - \pi r^2$$

卸料棒的横截面的半径为

$$R = \sqrt{\frac{S+\pi r^2}{\pi}}$$

在实际设计中，凸模与卸料橡胶棒之间必须有一定的空隙。在这里假设单边空隙为 5mm，则

直径为 ϕ10mm 凸模的卸料橡胶棒半径为

$$R_1 = \sqrt{\frac{S+\pi\,(r_1+5)^2}{\pi}} = \sqrt{\frac{271+3.14\times10^2}{3.14}} = 13.6\text{mm}$$

直径为 ϕ5mm 凸模的卸料橡胶棒半径为

$$R_2 = \sqrt{\frac{S + \pi\ (r_2 + 5)^2}{\pi}} = \sqrt{\frac{135 + 3.14 \times 7.5^2}{3.14}} = 10\text{mm}$$

（4）橡胶棒 UG 建模过程。

步骤 1：启动 NX 12.0，单击"新建"按钮 。在【新建】对话框中选取"模型"选项，在模板框中对"单位"选择"毫米"，选取"模型"模板，把"名称"设为"橡胶棒（1）.prt"。

步骤 2：单击"拉伸"按钮 ，在【拉伸】对话框中单击"绘制截面"按钮 。选取 *XOY* 平面为草绘平面，以 *X* 轴为水平参考，绘制两个圆形截面，如图 8-17 所示。

步骤 3：单击"完成"按钮 ，在【拉伸】对话框中对"指定矢量"选取"ZC↑"按钮 。把"开始距离"设为 0，"结束距离"设为 53.33mm，对"布尔"选取" 无"。

步骤 4：单击"确定"按钮，创建橡胶棒，如图 8-18 所示。

步骤 5：单击"保存"按钮 ，创建第一根橡胶棒。

步骤 6：采用相同的方法，创建另一支橡胶棒。其外径为 $\phi20$mm，内径为 $\phi15$mm，高度为 53.33mm，如图 8-19 所示。

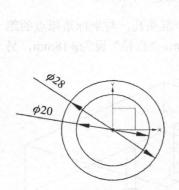

图 8-17　绘制两个圆形截面

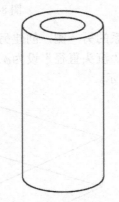

图 8-18　创建橡胶棒（1）

图 8-19　创建另一只橡胶棒（2）

8.2.4　创建凸模板固定板

（1）启动 NX 12.0，单击"新建"按钮 ，在【新建】对话框中选取"模型"选项。在模板框中对"单位"选择"毫米"，选取"模型"模板，把"名称"设为"凸模固定板.prt"。

（2）单击"拉伸"按钮 ，在【拉伸】对话框中单击"绘制截面"按钮 。选取 *XOY* 平面为草绘平面，以 *X* 轴为水平参考，绘制一个矩形截面，参考图 8-9。

（3）单击"完成"按钮 ，在【拉伸】对话框中对"指定矢量"选取"ZC↑"按钮 ；把"开始距离"设为 0，"结束距离"设为 30mm，对"布尔"选取" 无"。

（4）单击"确定"按钮，创建一个长方体，参考图 8-10。

（5）选取"菜单 | 插入 | 设计特征 | 孔"命令，在【孔】对话框中单击"绘制截面"

按钮 。选取 *XOY* 平面为草绘平面，以 *X* 轴为水平参考，绘制一个点，尺寸如图 8-20 所示。

（6）单击"完成"按钮 ，在【孔】对话框中对"类型"选取"常规孔"，"孔方向"选取"垂直于面"，"形状"选取"沉头孔"；把"沉头直径"设为 ϕ20mm，"沉头深度"设为 5mm，"直径"设为 ϕ12mm；对"深度限制"选取"贯通体"，"布尔"选取" 无"。

（7）单击"确定"按钮，创建一个沉头孔，如图 8-21 所示。

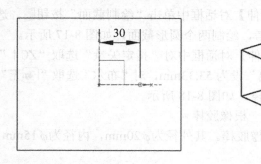

图 8-20　绘制一个点

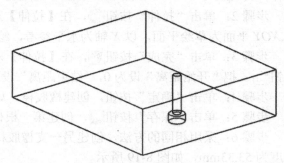

图 8-21　创建一个沉头孔

（8）采用相同的方法，在坐标系的另一侧，创建另一个沉头孔，与坐标系原点的距离相距 15mm，如图 8-22 所示。把"沉头直径"设为 ϕ25mm，"直径"设为 ϕ18mm，另一个沉头孔创建成功，如图 8-23 所示。

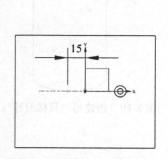

图 8-22　相距 15mm 绘制点

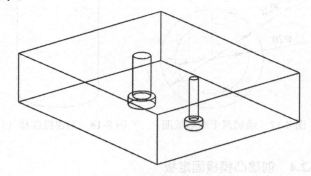

图 8-23　创建另一个沉头孔

8.2.5　创建凸模

（1）计算凸模的高度。

$$凸模的高度=凸模固定板的厚度+卸料橡胶棒的长度-2mm$$
$$=30+53.33-2=81.33mm$$

（2）启动 NX 12.0，单击"新建"按钮 ，在【新建】对话框中选取"模型"选项。在模板框中对"单位"选择"毫米"，选取"模型"模板，把"名称"设为"凸模（1）.prt"。

（3）单击"旋转"按钮 ，在【旋转】对话框中单击"绘制截面"按钮 ，选取 *ZOX*

平面为草绘平面，以 X 轴为水平参考，绘制一个截面，如图 8-24 所示。

（4）单击"完成"按钮，创建第一个凸模，如图 8-25 所示。

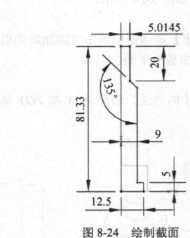

图 8-24 绘制截面

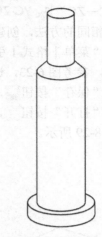

图 8-25 创建第一个凸模

（5）采用相同的方法，创建第二个凸模。这个凸模的沉头直径为 ϕ20mm，直径为 ϕ5.024mm，尺寸和效果分别如图 8-26 和图 8-27 所示。

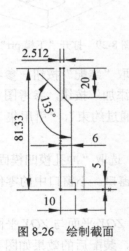

图 8-26 绘制截面

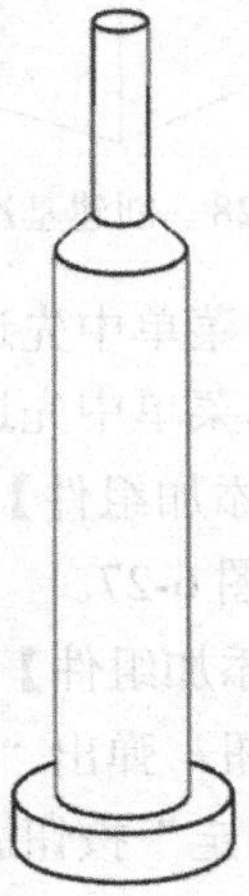

图 8-27 第二个凸模

8.3 装 配 过 程

8.3.1 装配下模

（1）把第 4 章创建的 UG 模架库文档复制到"第 8 章建模图"的文件夹中。

（2）单击"打开"按钮 🗁 ，打开"冲孔模凹模固定板.prt"。

（3）选取"菜单｜插入｜基准/点｜基准平面"按钮，在【基准平面】对话框中对"类型"选取"YC－ZC" 🗽 YC-ZC 平面 ，创建 *ZOY* 平面，如图 8-28 所示。

（4）采用相同的方法，创建 *ZOX* 平面。

（5）选取"菜单｜格式｜引用集"命令，在【引用集】对话框中单击"添加新的引用集"按钮 🗋 ，参考图 6-23，选取凹模实体和刚才创建的基准平面。

（6）单击"保存"按钮 💾 ，保存文档。

（7）单击"打开"按钮 🗁 ，打开"下模.prt"。按刚才的方法，创建 *ZOX* 和 *ZOY* 基准平面，如图 8-29 所示。

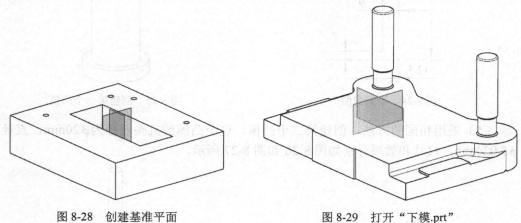

图 8-28　创建基准平面　　　　　　　　图 8-29　打开"下模.prt"

（8）在横向菜单中先选取"应用模块"选项，再选取"装配"按钮，参考图 6-25。

（9）在横向菜单中先选取"装配"选项，再选取"添加"按钮，参考图 6-26。

（10）在【添加组件】对话框中对"定位"选取"通过约束"，"引用集"选取"整个部件"，参考图 6-27。

（11）在【添加组件】对话框单击"打开"按钮 🗁 ，选取"冲孔模凹模固定板.prt"。单击"OK"按钮，弹出"冲孔模凹模固定板.prt"的小窗口。小窗口中的零件显示基准平面，单击"确定"按钮。

（12）按照两个零件的 *ZOX* 平面与 *ZOX* 平面对齐、*ZOY* 平面与 *ZOY* 平面对齐的要求，冲孔模凹模固定板的下表面与下模座的上表面接触，装配后的效果如图 8-30 所示。

（13）采用相同的方法，装配"冲孔模凹模.prt"，如图 8-31 所示。

（14）按住组合键 Ctrl+W，在【显示与隐藏】对话框单击"基准平面"对应的"—"，隐藏基准平面。

（15）装配第 6 章的挡料销（共 4 个挡料销），如图 8-32 所示。

（16）单击"保存"按钮 💾 ，保存文档。

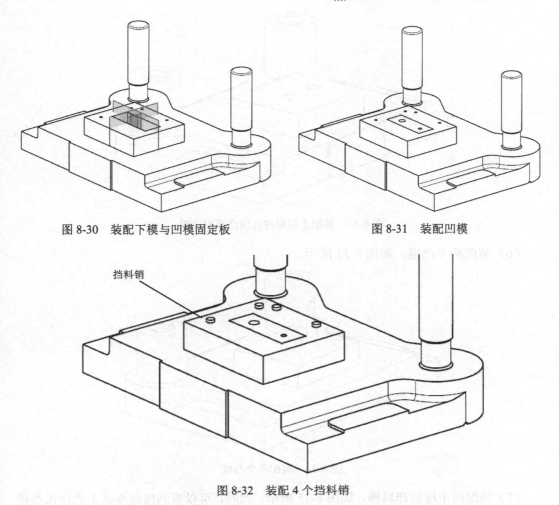

图 8-30 装配下模与凹模固定板　　　　　　　图 8-31 装配凹模

挡料销

图 8-32 装配 4 个挡料销

8.3.2 装配上模

（1）单击"打开"按钮，打开"冲孔模凸模固定板.prt"，按前面的方法创建 *ZOY* 平面和创建 *ZOX* 平面。

（2）选取"菜单｜格式｜引用集"命令，在【引用集】对话框中单击"添加新的引用集"按钮，参考图 6-23，选取凹模实体和刚才创建的基准平面。

（3）单击"保存"按钮，保存文档。

（4）单击"打开"按钮，打开"上模.prt"；再按照第 6 章图 6-52～图 6-54 所示的方式，创建 *ZOX* 和 *ZOY* 基准平面。

（5）按照前面的方式，装配上模和冲孔模凸模固定板，装配效果如图 8-33 所示（冲孔模有沉头的一面与上模板接触）。

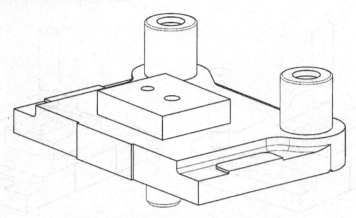

图 8-33　装配上模和冲孔模凸模固定板

（6）装配两个凸模，如图 8-34 所示。

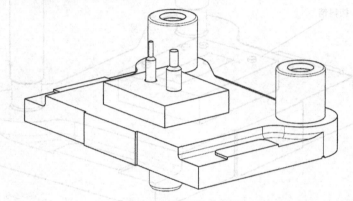

图 8-34　装配两个凸模

（7）装配两个橡胶卸料棒，如图 8-35 所示。此时，可以看到橡胶棒的上表面比凸模高 2mm。

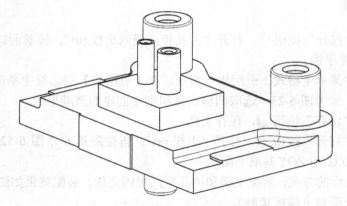

图 8-35　装配两个橡胶卸料棒

（8）单击"保存"按钮 ，保存文档。

8.3.3　修改总装图

（1）单击"打开"按钮 ，打开"chongmu.prt"总装图，如图 8-36 所示。

（2）在"装配导航器"中选中 下模座，单击鼠标右键，选取"设为工作部件"命令，如图 8-37 所示。

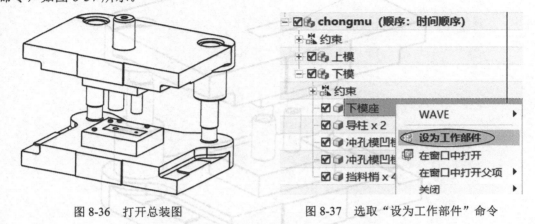

<table>
<tr><td>图 8-36　打开总装图</td><td>图 8-37　选取"设为工作部件"命令</td></tr>
</table>

（3）单击"拉伸"按钮 ，在工作区上方的工具条中选取"整个装配"选项，参考图 6-35。

（4）在【拉伸】对话框中单击"曲线"按钮 ，按住鼠标中键。调整视角后，把光标放在凹模固定板中间方孔的边沿线附近稍微停顿，在光标附近出现 3 个小点之后，单击鼠标左键，在"快速拾取"窗口中选取凹模固定板中间方孔的边沿线，如图 8-38 中的粗黑线所示。

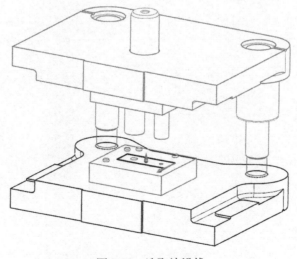

图 8-38　选取边沿线

（5）单击"完成"按钮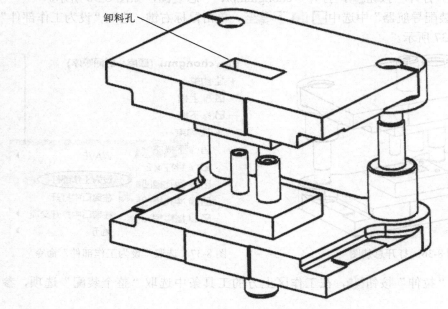，在【拉伸】对话框中对"指定矢量"选取"-ZC↓"按钮 ；把"开始距离"设为0，对"结束"选取"贯通"选项 ，"布尔"选取" 减去"。

（6）单击"确定"按钮，在下模板上创建卸料孔，如图8-39所示。

卸料孔

图8-39　创建卸料孔

（7）螺丝孔的创建方法可以参考第6章。

（8）冲孔模具工程图可以参考第7章的创建方法。

（9）单击"保存"按钮 ，保存文档。

第9章 弯曲模具设计基础

9.1 弯曲模具的基本知识

9.1.1 弯曲模具

（1）弯曲：根据零件形状的需要，通过模具和压力机把毛坯材料弯成一定角度，一定形状工件的冲压工艺方法。

（2）弯曲模具：弯曲工艺的重要基本装备。弯曲模的结构与一般冲裁模结构相似，分上下两个部分，它由凸/凹模、定位、导向及紧固件等组成。

9.1.2 中性层

（1）应变：指材料在外力作用下形变的现象，称为应变。

（2）中性层：指板料在应变力作用下发生弯曲变形时，外层材料伸长，同时内层材料缩短，在内、外层材料之间存在一个长度保存不变的纤维层。如图 9-1 中的虚线所示，这个纤维层称为中性层。

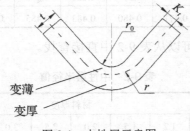

图 9-1 中性层示意图

（3）若厚度为 t 的材料弯曲后，内弯曲半径为 r_0，则弯曲中性层的弯曲半径为

$$r = r_0 + Kt \tag{9-1}$$

式中，r——中性层弯曲半径，mm；

    r_0——内弯曲半径，mm；

    t——厚度，mm；

    K——中性层系数（见表 9-1）。

由于材料的差异、材料厚度的偏差、弯曲角的大小、弯曲方式及模具结构的影响，

中性系数 K 也略有不同，如果要测试某种材料的中性层系数，最好的方法是通过试弯，再测出 K 的具体数值，通过一系列测试，测出不同内弯曲半径和材料厚度的中性层系数，如表 9-1 所示（摘自《冲模设计手册》ISBN 7-111-00558-9）。

表 9-1 中性层系数

$\frac{r_0}{t}$	3/10	5/16	8/25	1/3	12/35	5/14	3/8	2/5	5/12	3/7	
	0.3	0.3125	0.32	0.333	0.343	0.357	0.375	0.4	0.417	0.429	
K	0.194	0.199	0.201	0.206	0.209	0.213	0.219	0.226	0.230	0.233	
$\frac{r_0}{t}$	4/9	12/25	1/2	8/15	5/9	4/7	3/5	5/8	2/3	7/10	5/7
	0.444	0.48	0.5	0.533	0.555	0.571	0.6	0.625	0.667	0.7	0.714
K	0.237	0.245	0.250	0.257	0.261	0.264	0.270	0.274	0.281	0.286	0.288
$\frac{r_0}{t}$	3/4	4/5	5/6	6/7	8/9	1	10/9	8/7	6/5	5/4	4/3
	0.75	0.8	0.833	0.857	0.889	1	1.111	1.143	1.2	1.25	1.333
K	0.294	0.301	0.305	0.308	0.312	0.325	0.336	0.340	0.345	0.349	0.356
$\frac{r_0}{t}$	7/5	10/7	3/2	8/5	5/3	12/7	16/9	15/8	2	25/12	15/7
	1.4	1.429	1.5	1.6	1.667	1.714	1.778	1.875	2	2.803	2.143
K	0.362	0.364	0.369	0.376	0.380	0.384	0.387	0.393	0.400	0.405	0.408
$\frac{r_0}{t}$	20/9	16/7	12/5	5/2	8/3	20/7	3	25/8	16/5	10/3	24/7
	2.222	2.286	2.4	2.5	2.667	2.857	3	3.125	3.2	3.333	3.429
K	0.412	0.415	0.420	0.424	0.431	0.439	0.444	0.449	0.451	0.456	0.459
$\frac{r_0}{t}$	7/2	25/7	15/4	4	25/6	30/7	35/8	40/9	9/2	24/5	5
	3.5	3.571	3.75	4	4.167	4.286	4.375	4.444	4.5	4.8	5
K	0.461	0.463	0.469	0.471	0.480	0.483	0.485	0.487	0.488	0.495	0.5

另外，中性层半径值也可以从表 9-2 中直接查找。

表 9-2 中性层半径值

内弯曲半径 r	材料厚度											
	0.5	0.8	1.0	1.2	1.5	2.0	2.5	3.0	3.5	4.0	4.5	5.0
0.2	0.31	—	—	—	—	—	—	—	—	—	—	—
0.3	0.44	0.48	0.49	—	—	—	—	—	—	—	—	—
0.4	0.55	0.60	0.63	0.65	—	—	—	—	—	—	—	—
0.5	0.66	0.72	0.75	0.78	0.81	—	—	—	—	—	—	—
0.6	0.77	0.84	0.87	0.90	0.94	0.99	—	—	—	—	—	—
0.8	0.99	1.06	1.10	1.14	1.19	1.25	1.30	—	—	—	—	—
1.0	1.2	1.28	1.33	1.37	1.42	1.50	1.57	1.62				

内弯曲半径 r	材料厚度											
	0.5	0.8	1.0	1.2	1.5	2.0	2.5	3.0	3.5	4.0	4.5	5.0
1.2	1.41	1.50	1.55	1.59	1.65	1.74	1.81	1.88	1.93	1.98	—	—
1.5	1.72	1.81	1.87	1.92	1.99	2.09	2.18	2.25	2.32	2.38	2.43	2.47
2.0	2.24	2.34	2.40	2.46	2.53	2.65	2.75	2.84	2.92	3.00	3.07	3.13
2.5	2.75	2.86	2.92	2.99	3.07	3.20	3.31	3.42	3.51	3.60	3.67	3.75
3.0	3.25	3.38	3.44	3.51	3.60	3.74	3.86	3.98	4.08	4.18	4.26	4.35
4.0	4.25	4.40	4.48	4.55	4.65	4.80	4.94	5.07	5.19	5.30	5.40	5.51
5.0	5.25	5.40	5.50	5.58	5.68	5.85	6.00	6.14	6.27	6.40	6.51	6.63

9.2 弯曲件的展开尺寸计算

9.2.1 圆角半径 $r > 0.5t$ 时的弯曲件

这类弯曲件在弯曲时，变形量较小。计算变形量的方法是把零件分成直边和弯曲圆弧部分，展开后的总长度 L 等于各直边部分和各圆弧部分的中性层长度之和，即

$$L = a_1 + a_2 + a_3 + \cdots + l_1 + l_2 + l_3 + \cdots = \sum a_i + \sum l_i \tag{9-2}$$

式中，a_i——直线部分的长度；

l_i——圆弧部分的弧长。

圆弧部分中性层展开长度计算公式：

$$l_i = \frac{\pi}{180°} \times \alpha \times r = \frac{\pi \alpha}{180°}(r_0 + Kt) \tag{9-3}$$

式中，l——圆弧部分中性层展开长度（mm）；

α——弯曲中心角（度）；

r——中性层半径（mm）。

表 9-3 圆角半径 $r > 0.5t$ 时展开长度的计算公式

尺寸标注位置	简 图	公 式
尺寸标注在外形的切线上		$L = a + b + \dfrac{\pi}{2}(R_0 + K_t)\dfrac{180° - \beta}{90°} - 2(R_0 + t)$

尺寸标注位置	简　图	公　式
尺寸标注在交点上		$L = a + b + \dfrac{\pi}{2}(R_0 + K_t)\dfrac{180° - \beta}{90°} - 2(R_0 + t)\mathrm{ctg}\dfrac{\beta}{2}$
尺寸标注在圆心上		$L = a + b + \dfrac{\pi}{2}(R_0 + K_t)\dfrac{180° - \beta}{90°}$

9.2.2　圆角半径 $r<0.5t$ 时的弯曲件

这类弯曲件在弯曲时，变形量较大，不但圆角区的变形严重，而且与其相邻的直边部分也会变薄。因此，这类零件的展开长度是按弯曲前后体积不变的原则来计算的。

表 9-4　圆角半径 $r<0.5t$ 时展开长度的计算公式

折弯的类型	简　图	计算公式
折弯成一个直角		$L = a_1 + a_2 + 0.4t$
对折弯曲		$L = a_1 + a_2 - 0.4t$

折弯的类型	简　　图	计算公式
同时折弯成 两个直角		$L = a_1 + a_2 + a_3 + 0.6t$
一次同时折弯成 4 个角		$L = a_1 + a_2 + a_3 + a_4 + a_5 + t$
分两次折弯成 4 个角		$L = a_1 + a_2 + a_3 + a_4 + a_5 + 1.2t$

9.2.3　运用绘图软件计算展开尺寸

运用计算机绘图软件（CAD），先绘制中性层简图，再标出各段的长度，最后将各段长度求和，见表 9-5。

表 9-5　用 CAD 软件求中性层长度之和的步骤

步骤	备　　注	图　　形
1	先按图样要求绘制 CAD 图形	
2	（1）由 $r_0 / t = 1$ 及表 9-1 可知，$K = 0.325$ （2）由 $r = r_0 + Kt$ 可知，$r = 13.25\text{mm}$ （3）绘制中性层圆弧，如右图中的虚线所示	

续表

步骤	备　注	图　形
3	（1）用切线将各圆弧连接起来。 （2）对于头、尾的圆弧，用端线的中点向圆弧做切线	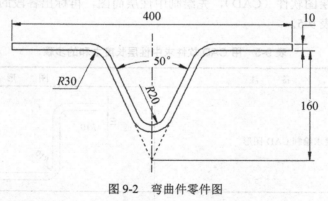
4	（1）修剪圆弧。 （2）标注各直线和圆弧长度的尺寸。 （3）将各段的长度求和	

【例 9-1】　计算图 9-2 所示弯曲件的展开长度。

解：用两种方法计算该弯曲件的展开长度。

方法（一）：按公式计算。

图 9-2　弯曲件零件图

解：

工件的最小弯曲半径为 $R20$mm，大于 $0.5 \times t$（t 是板厚，这个工件的板厚是 10mm），所以弯曲件坯料的展开长度按 $r > 0.5t$ 时的计算公式计算。

为了方便计算，应先绘制辅助线，描绘中性层曲线，如图 9-3 所示。

$$\angle EOD = 90° - \angle ED0 = 90° - \frac{\angle EDA}{2} = 90° - \frac{180° - \angle DGA}{2} = \frac{\angle DGA}{2} = 32.5°$$

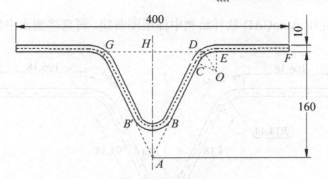

图 9-3　绘制辅助线

$$EF = HF - HD - DE = HF - AH \times \tan25° - DE$$
$$= 200 - 160 \times \tan25° - 30 \times \tan32.5°$$
$$= 200 - 160 \times 0.4663 - 30 \times 0.637$$
$$= 200 - 74.61 - 19.11$$
$$= 106.28\text{mm}$$

$$BC = AD - AB - CD = \frac{160}{\cos25°} - \frac{20+10}{\tan25°} - 30 \times \tan32.5°$$
$$= 176.54 - 64.335 - 19.11$$
$$= 93.1\text{mm}$$

圆弧 CE 对应的半径为 30mm，则 $\dfrac{r_0}{t} = \dfrac{30}{10} = 3$，查表 9-1《中性层系数》，可知
$$K = 0.444$$
圆弧 CE 对应的中性层圆弧半径为
$$r = r_0 + Kt = 30 + 0.444 \times 10 = 34.44\text{mm}$$
圆弧 CE 对应的中性层圆弧长度为
$$\frac{\pi\alpha}{180°} \times (r_0 + Kt) = \frac{\pi \times 65}{180} \times 34.44 = 39.05\text{mm}$$
圆弧 BB' 对应的半径为 20mm，则 $\dfrac{r_0}{t} = \dfrac{20}{10} = 2$，查表 9-1《中性层系数》，可知
$$K = 0.400$$
圆弧 BB' 对应的中性层圆弧半径为
$$r = r_0 + Kt = 20 + 0.400 \times 10 = 24\text{mm}$$
圆弧 BB' 对应的弧心角为 $360° - 90° - 90° - 50° = 130°$。

则圆弧 BB' 对应的中性层圆弧长度为
$$\frac{\pi\alpha}{180°} \times (r_0 + Kt) = \frac{\pi \times 130}{180} \times 24 = 54.42\text{mm}$$
弯曲件的展开长度为
$$106.28 + 39.05 + 93.1 + 54.42 + 93.1 + 39.05 + 106.28 = 531.28\text{mm}$$

方法（二）：先用 AutoCAD 软件绘制中性层图曲线，再直接测出中性层各段的长度，如图 9-4 所示。

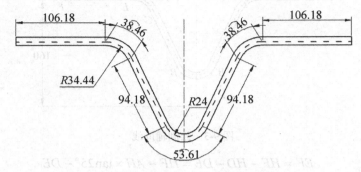

图 9-4　绘制中性层曲线

中性层长度为

106.18+38.46+94.18+53.61+94.18+38.46+106.18=531.25mm

可知，用公式和用 AutoCAD 软件计算中性层展开长度的结果非常接近。

9.3　弯曲模具的压力计算

毛坯料弯曲分为自由弯曲和校正弯曲两种。自由弯曲是指当弯曲终了时，凸模、毛坯和凹模三者吻合后就不再下压的弯曲。校正弯曲是指自由弯曲阶段后，进一步对贴合凸模、凹模表面的弯曲件进行挤压，以使工件定形。两种弯曲力的大小不相同。

9.3.1　自由弯曲力

使一个物体发生弯曲变形所要用的最小力，它是一个临界值。根据弯曲件形状不同，可以分为 V 形件弯曲力和 U 形件弯曲力。

V 形件的弯曲力：

$$F_自 = \frac{0.6kBt^2\sigma_b}{r+t} \tag{9-4}$$

U 形件的弯曲力：

$$F_自 = \frac{0.7kBt^2\sigma_b}{r+t} \tag{9-5}$$

式中，$F_自$——自由弯曲在冲压行程结束时的弯曲力，kN；

　　B——弯曲件的宽度，mm；

　　t——弯曲材料的厚度，mm；

　　r——弯曲件的内弯曲半径，mm；

σ_b——材料的抗拉强度，MPa；

k——安全系数，一般取 k=1.3。

9.3.2 校正弯曲力

根据 R/t 的比值、冲件断面积 $B \times t$ 及抗拉强度 σ_b 进行计算，也可以从图 9-5（V 形件）或图 9-6（U 形件）直接读出自由弯曲力。

校正弯曲时的校正力：

$$F_{校} = Ap \tag{9-6}$$

式中，$F_{校}$——校正弯曲力；

A——校正部分的投影面积；

p——单位面积的校正力，其值见表 9-6。

表 9-6 单位面积的校正力（单位：MPa）

材 料	料 厚			
	<1	1~2	2~5	5~10
铝	10~15	15~20	20~30	30~40
黄 铜	15~20	20~30	30~40	40~60
10~20 号钢	20~30	30~40	40~60	60~80
25~35 号钢	30~40	40~50	50~70	70~100

节选自《冲模设计手册》（ISBN 7-111-00558-9）

由于校正力比自由弯曲大得多，并且这两个力的作用不会同时发生，因此在计算弯曲力的时候，只需计算校正弯曲力。

9.3.3 顶件力

弯曲发生之后，有的零件会卡在凹模中，需在外力作用下才能从凹模中取出，这个力称为顶件力。对于不同形状的产品，顶件力的变化范围较大，一般顶件力为自由弯曲力的 30%~80%，即

$$F_{顶} = (0.3 \sim 0.8) \times F_{自} \tag{9-7}$$

9.3.4 公称压力

对于自由弯曲，公称压力为

$$F = 1.3 \times (F_{自} + F_{顶}) \tag{9-8}$$

对于校正弯曲，由于校正弯曲力比顶件力与压料力都大得多，并且校正弯曲力与压料力不是同时发生的。因此，顶件力与压料力一般忽略不计，此时的公称压力为

$$F = 1.3 \times F_{校} \tag{9-9}$$

179

【例9-2】 已知某 V 形件的材料为冷轧钢板（SPH1～8），厚度（B）为3mm，宽度（t）为 150mm，弯曲内侧圆角半径为 $R=6$mm，工件被校正部分在凹模上的投影面积为 10000mm²，求自由弯曲力及校正弯曲力。

解： 查表 5-7《材料抗剪、抗拉强度》可知，该材料的抗拉强度在 280MPa 以上，取 300MPa。

（1）用两种不同的方法计算自由弯曲力：

① 按式 9-4（自由弯曲力公式）计算：

$$F_自 = \frac{0.6KBt^2\sigma_b}{r+t} = \frac{0.6 \times 1.3 \times 150 \times 3^2 \times 300}{6+3} = 35.1\text{kN}$$

② 按自由弯曲力图表计算：

$$\frac{r}{t} = \frac{6}{3} = 2$$

$$B \times t = 150 \times 3 = 450\text{mm}^2$$

在图 9-5 中，先从 $Bt=450$mm² 处作一条垂直线，与 $R/t=2$ 的斜线相交；再从交点处作一条水平线，与 σ_b 为 294MPa 的斜线相交；最后从此交点处向下作一条垂直线，与横坐标相交。从图中近似可得自由弯曲力，即 35（kN），如图 9-5 中的虚线所示（备注：由自由弯曲力图表法读得的自由弯曲力为近似值。）

按自由弯曲力公式和按自由弯曲力图表算出的自由弯曲力的大小近似相等。

（2）计算校正弯曲力。

查表 9-6 可知，单位校正力 $F=40～60$MPa，取 $F=50$MPa。

则校正力（按式 9-6）为

$$F = A \times p = 50 \times 10000 = 500000\text{N} = 500\text{kN}$$

从上述实例中可看出，校正弯曲力比自由弯曲力大得多。

9.4 回 弹 值

弯曲完成后，工件的角度和圆角半径有向弯曲前形状恢复的现象，这种现象称为回弹，也称为反弹。弯曲模的回弹值可分为小变形程度（$r/t>8～10$）、大变形程度（$r/t<5～8$）两种情况。

9.4.1 凸模半径回弹值

弯曲件圆弧的半径主要由凸模决定，因此，在设计弯曲模的半径时，主要计算凸模的半径，而凹模的半径一般由凸模半径加上料厚自动生成。

（1）当 $r/t>8～10$ 时，回弹值较大，需分别计算弯曲半径和弯曲角的回跳值，再在模具调试中进行修正，计算公式如下：

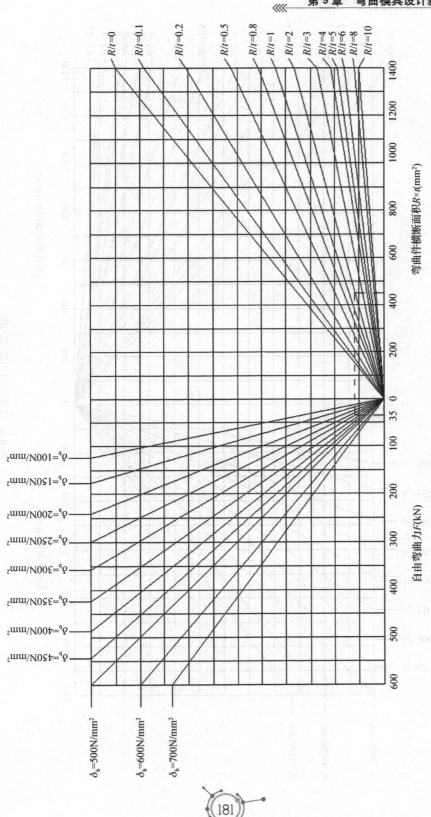

图 9-5 V 形件自由弯曲力图

节选自《冲模设计手册》(ISBN 7-111-00558-9)

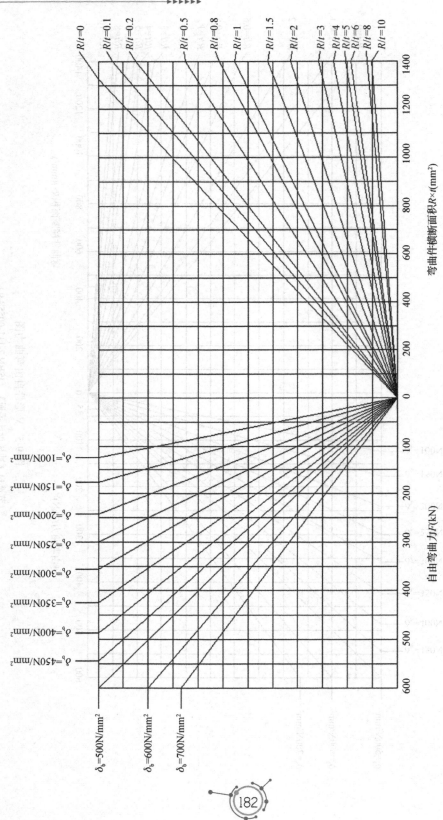

图 9-6 U 形件自由弯曲力图

节选自《冲模设计手册》（ISBN 7-111-00558-9）

$$r_{\mathrm{T}} = \frac{r}{1 + \dfrac{3\sigma_{\mathrm{s}}}{E} \times \dfrac{r}{t}} \tag{9-10}$$

$$\alpha_{\mathrm{T}} = 180° - \frac{r}{r_{\mathrm{T}}}180° - \alpha \tag{9-10}$$

式中，r_{T} ——凸模圆角半径（mm）；

$\qquad r$ ——工件圆角半径（mm）；

$\qquad \alpha_{\mathrm{T}}$ ——凸模圆角半径（°）；

$\qquad \alpha$ ——凸模圆角半径（°）；

$\qquad t$ ——工件材料的厚度（mm）；

$\qquad E$ ——工件材料的弹性模量（MPa）；

$\qquad \sigma_{\mathrm{s}}$ ——工件材料的屈服强度（MPa）；

在这里设 $A = \dfrac{3\sigma_{\mathrm{S}}}{E}$，常见材料的 A 值见表 9-7。

表 9-7　常见材料的 A 值

材　料	A 值	材　料	A 值
08、10、Q215	0.00312	30、35、Q255	0.0068
20、Q235	0.005	50	0.015

（2）当 $r/t<5\sim8$ 时，回弹值较小，实际生产中一般不考虑弯曲半径的回弹值，只需弯曲角的回跳值，回跳角的经验值见表 9-8。

表 9-8　90° 单角校正弯曲时的角度回弹值 $\Delta\alpha$

材　料	r/t		
	$\leqslant 1$	$>1\sim2$	$>2\sim3$
Q235、Q215	$-1°\sim1.5°$	$0°\sim2°$	$1.5°\sim2.5°$
纯铜、铝、黄铜	$0°\sim1.5°$	$0°\sim3°$	$2°\sim4°$

9.4.2　凹模圆角半径回弹值

凹模圆角半径 r 不能过小，以免擦伤工件表面，影响冲模寿命。通常根据材料厚度设定凹模圆角半径值，见表 9-9。

表 9-9　凹模圆角半径

料　厚	凹模圆角半径
$t<2$mm	$r_{\mathrm{a}}=(3\sim6)\,t$
$t=2\sim4$ mm	$r_{\mathrm{a}}=(2\sim3)\,t$
$t>4$ mm	$r_{\mathrm{a}}=2t$

9.4.3 模具深度对回弹值的影响

当凸模半径 r_t 为一定值时，弯曲件的回弹值随凹模深度的增大而减小。凹模深度越深，回弹值越小，如图 9-7 所示。凹模深度越浅，回弹值越大，如图 9-8 所示。

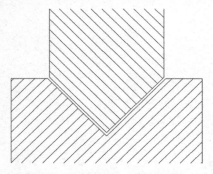
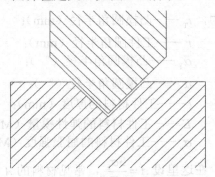

图 9-7　凹模越深，回弹值越小　　　　　　图 9-8　凹模越浅，回弹值越大

V 形件凹模深度的经验值见表 9-10。

表 9-10　V 形件凹模深度的经验值

弯曲件边长 L（mm）	材料厚度 t（mm）		
	< 2	2～4	>4
10～25	10～15	15	
>25～50	15～20	25	30
>50～75	20～25	30	35
>75～100	25～30	35	40
>100～150	30～35	40	50

U 形件凹模深度的经验值见表 9-11。

表 9-11　U 形件凹模深度的经验值

工件深度（mm）	材料厚度 t（mm）			
	< 0.5	0.5～2.0	2.0～4.0	4.0～7.0
10	6	6	10	
20	8	12	15	20
35	12	15	20	25
50	15	20	25	30
75	20	25	30	35
100	—	30	35	40
150	—	35	40	50
200	—	45	55	60

9.5　弯曲模具的凸模、凹模间隙

弯曲模具的间隙指单边间隙。V 形件弯曲模具的凸模、凹模间隙是靠调整压力机的闭合高度来控制的，与模具的设计无关，可以忽略。

对于 U 形件弯曲模具，应当选择合适的间隙。间隙过小，会使零件弯边厚度变薄，降低凹模的寿命，增大弯曲力；间隙过大，则回弹值大，降低零件的精度。U 形件弯曲模具的凸模、凹模单边间隙一般可按下式计算：

$$Z = t_{max} + C \times t = t + \Delta + C \times t \qquad (9-12)$$

式中，Z——弯曲模具凸模、凹模单边间隙；

t——零件材料厚度（基本尺寸）；

Δ——材料厚度的上偏差；

C——间隙系数（见表 9-12）。

当零件精度要求较高时，其间隙值应适当减小，取 $Z = t$。

表 9-12　U 形件弯曲凸模、凹模间隙系数

弯曲件高度 H /mm	弯曲件宽度 $B \leqslant 2H$				弯曲件宽度 $B \geqslant 2H$				
	材料厚度 t/mm				材料厚度 t/mm				
	<0.5	0.6～2.0	2.1～4.0	4.1～5.0	<0.5	0.6～2.0	2.1～4.0	4.1～7.5	7.6～12.0
10	0.05	0.05	0.04	—	0.10	0.10	0.08	—	—
20	0.05	0.05	0.04	0.03	0.10	0.10	0.08	0.06	0.06
35	0.07	0.05	0.04	0.03	0.15	0.10	0.08	0.06	0.06
50	0.10	0.07	0.05	0.04	0.20	0.15	0.10	0.06	0.06
70	0.10	0.07	0.05	0.05	0.20	0.15	0.10	0.10	0.08
100	—	0.07	0.05	0.05	—	0.15	0.10	0.10	0.08
150	—	0.10	0.07	0.05	—	0.20	0.15	0.10	0.10
200	—	0.10	0.07	0.07	—	0.20	0.15	0.15	0.10

9.6　弯曲 90° 时凸模、凹模工件部分尺寸计算

凸模、凹模的尺寸和公差则应根据工件的尺寸、公差而定，工件的尺寸有 4 种标注方式，尺寸标注可以标在工件外形或者内形上，公差可以是对称公差或极限公差，对于不同的工件尺寸标注方式，弯曲的凸模、凹模也有不同的制作基准，如图 9-9 所示。

确定 U 形件弯曲凸模、凹模横向尺寸及公差的原则：标注工件外形尺寸时，应以凹模为基准件，间隙取在凸模上；标注工件内形尺寸时，应以凸模为基准件，间隙取在凹模上。

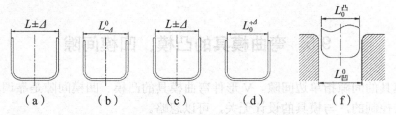

图 9-9 凸模、凹模尺寸标注方式

（1）尺寸标注在外形上，公差为单向负偏差的弯曲件，凸模、凹模尺寸为

$$L_A=\left(L_{max}-\frac{3\Delta}{4}\right)_0^{+\delta_A} \tag{9-13}$$

$$L_T=\left(L_A-2Z\right)_{-\delta_T}^0 \tag{9-14}$$

（2）尺寸标注在内形上，公差为单向正偏差的弯曲件，凸模、凹模尺寸为

$$L_T=\left(L_{min}+\frac{3\Delta}{4}\right)_{-\delta_T}^0 \tag{9-15}$$

$$L_A=\left(L_T+2Z\right)_0^{+\delta_A} \tag{9-16}$$

式中，L_A、L_T——凹模、凸模横向尺寸；

$\quad\quad L_{max}$、L_{min}——弯曲件横向的极限尺寸；

$\quad\quad \Delta$——弯曲件横向尺寸公差；

$\quad\quad \delta_T$、δ_A——凸模、凹模制造公差，可采用 IT7～IT9 级精度，一般要求凸模的精度比凹模的精度高一级。

第 10 章 UG 弯曲模具设计

本章以一个简单的弯曲模为例,详细说明 UG 弯曲模具设计的一般过程。零件材料为 SPCC 冷板,料厚为 2mm,产品尺寸如图 10-1 所示。

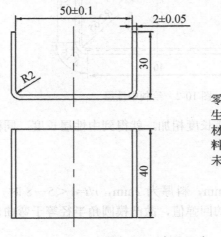

零件名称:装饰板
生产批量:大批量
材料:SPCC冷板
料厚:2mm
未注公差按IT12

图 10-1 产品尺寸

10.1 工 艺 分 析

10.1.1 确定模具设计方案

该工件的形状属于典型的 U 形件,故在进行模具设计时,按 U 形件进行模具设计。

10.1.2 计算毛坯料

该工件的圆弧半径为 r_0 =2mm,大于 $0.5t$(t 指材料厚度,本例材料厚为 2mm),变形量较小,毛坯料总长度 L 等于各直边部分和各圆弧部分的中性层长度之和。

该工件的弯曲半径 r 与料厚 z 的比值 r/z=1,查表 9-1《中性层系数》可知,该材料的中性层系数 K=0.325,所以圆角位的中性层半径为

$$r = r_0 + Kt = 2 + 0.325 \times 2 = 2.65mm$$

圆弧部分中性层长度为

$$L = \frac{\pi\alpha}{180°} \times r = \frac{3.14 \times 90°}{180°} \times 2.65 = 4.165\text{mm}$$

该工件的中性层长度为

$$L = 26 \times 2 + 46 + 4.165 \times 2 = 106.33\text{mm}$$

也可以运用 AutoCAD 软件绘制该产品的中性层，标上尺寸后的效果如图 10-2 所示。

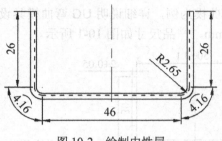

图 10-2　绘制中性层

将中性层各段直线长度和圆弧长度相加，就得到中性层长度，同样为 106.33mm。

10.1.3　确定凸模半径

该工件的弯曲圆角半径为 2mm，料厚为 2mm，$r/t = 1 < 5 \sim 8$ 时，回弹值较小。在实际生产中一般不考虑弯曲半径的回弹值，故凸模圆角半径等于弯曲件的内弯曲半径，即 $r = 2\text{mm}$。

10.1.4　确定凹模半径

根据表 9-9《凹模圆角半径》，料厚 $t = 2 \sim 4$ mm 时，凹模半径 $r = (2 \sim 3) \times t = 4 \sim 6\text{mm}$。在图 10-1 中，外弯曲半径 $r = 4\text{mm}$，若考虑凸模、凹模间隙，则凹模的半径 r 为 3mm。（凹模的圆角半径越小，凸模、凹模圆角位置之间的间隙越大）。

10.1.5　确定凹模深度

根据表 9-11《U 形件凹模深度的经验值》，料厚 $t = 2 \sim 4$ mm，工件高度在 30mm 以下，凹模深度应为 20mm。

10.1.6　计算凸模、凹模间隙

该工件的高度 H 为 30mm，宽度 B 为 54mm，宽度 $B < 2 \times$ 高度，查表 9-12《U 形件弯曲凸模、凹模间隙系数》可知，凸模、凹模间隙系数 C 为 0.04，则该 U 形件弯曲模的凸模、凹模单边间隙为

$$Z = t_{\text{max}} + C \times t = 2.05 + 0.04 \times 2 = 2.13\text{mm}$$

10.1.7 计算凸模、凹模尺寸

工件尺寸标注在内形上，以凸模为基准设计弯曲模的凸模、凹模。凸模、凹模制造公差按 IT7～IT9 级精度，一般凸模的精度比凹模的精度高一级，取凸模的粗度为 IT8，凹模的精度为 IT9。查表 5-4《公差值》可知，该工件凸模的制造公差为 0.039mm，凹模的制造公差为 0.062mm。

$$L_{凸} = \left(L_{min} + \frac{3\Delta}{4}\right)_{-\delta_{凸}}^{0} = \left(49.9 + 0.75 \times 0.2\right)_{-0.039}^{0} = 50.05_{-0.039}^{0} \text{(mm)}$$

$$L_{凹} = \left(L_{凸} + 2Z\right)_{0}^{+\delta_{凹}} = \left(50.05 + 2 \times 2.13\right)_{0}^{+0.062} = 54.31_{0}^{+0.062} \text{(mm)}$$

10.1.8 计算角度回弹值

$$\frac{\text{工件圆角} r}{\text{材料厚度} t} = \frac{2}{2} = 1 < 5 \sim 8$$

该工件弯曲半径的回弹值不大，实际生产中只需考虑角度的反弹。查表 9-8《90°单角校正弯曲时的角度回弹值 $\Delta\alpha$》可知，该材料的回弹值为 -1°～1.5°，最后确定该材料的回弹角度为 1°。

10.1.9 计算弯曲力

由于校正力与弯曲力不是同时发生，而且校正力比弯曲力大很多，因此在计算弯曲模的压力时，只需考虑校正力。查表 9-6《单位面积的校正力》可知，该材料的厚度为 2mm，单位面积校正力为 40MPa。因此弯曲模的校正力为弯曲力，大小为

$$F_{校} = Ap = 54 \times 40 \times 40 = 86.4\text{kN}$$

10.1.10 选用压力机

对于校正弯曲，由于校正弯曲力比顶件力与压料力都大得多，并且校正弯曲力与压料力不是同时发生，因此，顶件力与压料力一般忽略不计。此时，选用压力机的最小压力应力校正力的 1.3 倍，即

$$F = 1.3 \times F_{校} = 1.3 \times 8.64 \times 10^{4} = 112\text{kN}$$

从表 5-9《压力机规格》中可知，该零件适用 16 吨的压力机。该压力机的主要参数如下：最大封闭高度为 170mm，封闭高度调节量为 40mm，工作台尺寸为 480mm×300mm，工作台落料孔尺寸为 280mm×200mm，工作台落料孔直径为 ϕ160mm，模柄孔尺寸为 ϕ35mm×60mm。

10.2　UG 弯曲模具设计过程

10.2.1　创建凹模

（1）先创建一个新的文件夹，"名称"设为"第 10 章建模图"，目的是把第 10 章创建的 UG 模具零件图全部放在这个目录中。

（2）启动 NX 12.0，单击"新建"按钮 📄，在【新建】对话框中选取"模型"选项。在模板框中对"单位"选择"毫米"，选取"模型"模板；把"名称"设为"弯曲模凹模.prt"，"文件夹"选取"第 10 章建模图"。单击"确定"按钮，进入建模环境。

（3）单击"拉伸"按钮 📖，在【拉伸】对话框中单击"绘制截面"按钮 📐，选取 XOY 平面为草绘平面，以 X 轴为水平参考，绘制一个矩形截面（120mm×50mm），如图 10-3 所示。

提示： 弯曲件的毛坯料长度为 106mm，凸、凹模必须比毛坯料稍大一些。

（4）单击"完成"按钮 📲，在【拉伸】对话框中对"指定矢量"选"-ZC↓" ⚓，把"开始距离"设为 0，"结束距离"设为 50mm。

（5）单击"确定"按钮，创建一个长方体，如图 10-4 所示。

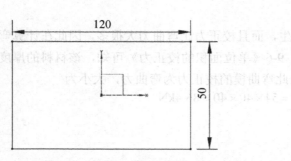

图 10-3　绘制一个矩形截面

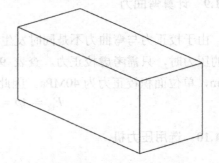

图 10-4　创建一个长方体

（6）单击"拉伸"按钮 📖，在【拉伸】对话框中单击"绘制截面"按钮 📐，选取 ZOX 平面为草绘平面，以 X 轴为水平参考，绘制另一个矩形截面（106.33mm×40mm），如图 10-5 所示（备注：106.33mm 是毛坯料的长度，在前面计算出来的）。

（7）单击"完成"按钮 📲，在【拉伸】对话框中对"指定矢量"选择"-ZC↓" ⚓，把"开始距离"为 0，"结束距离"为 2mm（2mm 是材料厚度），对"布尔"选取" 🔩 减去"。

（8）单击"确定"按钮，创建一个凹坑，如图 10-6 所示。该凹坑的作用是在冲压开始前，摆放毛坯料的位置，起定位作用。

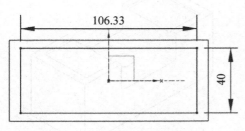

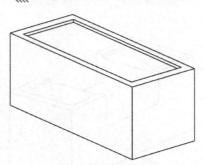

图 10-5　绘制另一个矩形截面　　　　　　　图 10-6　创建长方体

（9）单击"拉伸"按钮，在【拉伸】对话框中单击"绘制截面"按钮，选取 *ZOX* 平面为草绘平面，以 *X* 轴为水平参考，绘制一个矩形截面（54.31mm×50mm），如图 10-7 所示（备注：54.31mm 是凹模的长度，在前面计算出来的）。

（10）单击"完成"按钮，在【拉伸】对话框中对"指定矢量"选择"–ZC↓"；把"开始距离"设为 0，"结束距离"设为 22mm，对"布尔"选取"减去"。

提示：20mm 是凹模的深度，2mm 是料厚，两者之和是 22mm。

（11）单击"确定"按钮，创建一个凹坑，如图 10-8 所示。

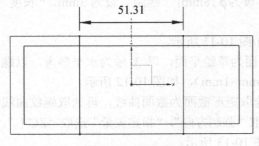

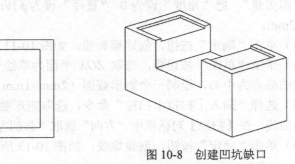

图 10-7　绘制截面　　　　　　　　　　　图 10-8　创建凹坑缺口

（12）单击"边倒圆"按钮，创建凹模半径 *r*=3mm，如图 10-9 所示。

（13）单击"拉伸"按钮，在【拉伸】对话框中单击"绘制截面"按钮。选取 *ZOX* 平面为草绘平面，以 *X* 轴为水平参考，绘制一个圆形截面（ϕ21mm）。

（14）单击"完成"按钮，在【拉伸】对话框中对"指定矢量"选择"–ZC↓"；把"开始距离"设为 0，"结束距离"设为"贯通"），对"布尔"选取"减去"。

（15）单击"确定"按钮，在凹模的中间创建一个圆孔（用来安装弹簧，将工件推出凹模），如图 10-10 所示。

（16）选取"菜单｜插入｜基准/点｜基准平面"命令，创建 *ZOX* 和 *ZOY* 基准平面。

（17）选取"菜单｜格式｜引用集"命令，在【引用集】对话框中单击"添加新的引用集"按钮，参考图 6-23，选取凹模实体和刚才创建的两个基准平面。

（18）单击"保存"按钮，保存文档。

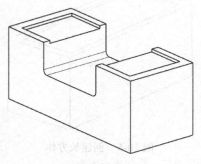

图 10-9　创建凹模圆角

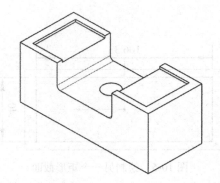

图 10-10　创建弹簧孔

10.2.2　创建弹簧

（1）启动 NX 12.0，单击"新建"按钮▢，在【新建】对话框中选取"模型"选项。在模板框中对"单位"选择"毫米"，选取"模型"模板，把"名称"设为"卸料弹簧.prt"，"文件夹"选取"第 10 章建模图"，单击"确定"按钮，进入建模环境。

（2）选取"菜单｜插入｜曲线｜螺旋线"命令，在【螺旋线】对话框中对"类型"选取"沿矢量"，把"角度"设为 0，"直径"设为 ϕ18mm，"螺距"设为 3mm，"长度"设为 32mm。

（3）单击"确定"按钮，创建螺旋线，如图 10-11 所示。

（4）单击"草图"按钮▢，选取 ZOX 平面为草绘平面，以 X 轴为水平参考，以螺纹曲线的端点为中心，绘制一个矩形截面（2mm×1mm），如图 10-12 所示。

（5）选择"插入｜扫掠｜扫掠"命令，选取矩形截面为截面曲线，再选取螺纹曲线为引导曲线，在【扫掠】对话框中"方向"选取"强制方向"，"指定矢量"选取"ZC↑"。

（6）单击"确定"按钮，创建螺纹，如图 10-13 所示。

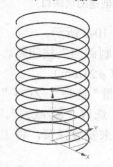

图 10-11　创建螺纹

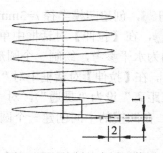

图 10-12　绘制一个矩形截面

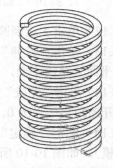

图 10-13　创建螺纹

（7）选取"菜单｜插入｜基准/点｜基准平面"命令，创建 XOY 基准平面。

（8）采用相同的方法，创建弹簧的中心轴。

（9）选取"菜单｜格式｜引用集"命令，在【引用集】对话框中单击"添加新的引用集"按钮 ，如图 6-23 所示，选取弹簧实体和刚才创建 *XOY* 基准平面和中心轴。

（10）单击"保存"按钮 ，保存文档。

10.2.3　创建凸模

（1）启动 NX 12.0，单击"新建"按钮 ，在【新建】对话框中选取"模型"选项。在模板框中对"单位"选择"毫米"，选取"模型"模板，把"名称"设为"弯曲模凸模.prt"，"文件夹"选取"第 10 章建模图"。单击"确定"按钮，进入建模环境。

（2）先单击"拉伸"按钮 ，在【拉伸】对话框中再单击"绘制截面"按钮 。选取 *ZOX* 平面为草绘平面，以 *X* 轴为水平参考，绘制一个矩形截面（50.05mm×50mm），如图 10-14 所示。

提示：50.05mm 是凸模的尺寸，在前面步骤中就计算出来了。50mm 是凸模的高度，暂时定为 50mm。在后续的设计中，根据实际情况进行修改。

（3）单击"完成"按钮 ，在【拉伸】对话框中"指定矢量"选"YC↑" ，把"开始距离"设为-25mm，"结束距离"设为 25mm。

（4）单击"确定"按钮，创建一个长方体，如图 10-15 所示。

（5）单击"边倒圆"按钮 ，在长方体的上面两条棱线创建圆角特征，*R* 为 2mm，如图 10-16 所示。

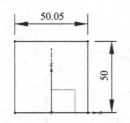
图 10-14　绘制一个矩形截面

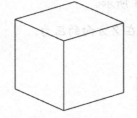
图 10-15　创建一个长方体

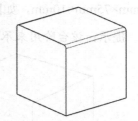
图 10-16　创建圆角特征

（6）单击"拉伸"按钮 ，在【拉伸】对话框中单击"绘制截面"按钮 。选取 *ZOX* 平面为草绘平面，以 *X* 轴为水平参考，绘制一条直线。该直线与水平线成 89°，且与圆弧相切，如图 10-17 所示。

提示：前面已算出该材料的回弹角度为 1°，圆角的回弹值很小，可以忽略。

（7）单击"完成"按钮 ，在【拉伸】对话框中对"指定矢量"选择"YC↑" ；把"开始距离"设为-25mm，"结束距离"设为 25mm。

（8）单击"确定"按钮，创建一个拉伸曲面，如图 10-18 所示。

（9）选取"菜单|插入|同步建模|替换面"命令，选择实体的面作为替换面，选择拉伸曲面作为替换面，创建替换特征，如图 10-19 所示。

（10）采用相同的方法，创建另一个侧面的替换特征。

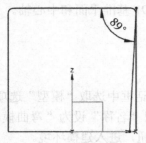

图 10-17　绘制一条直线

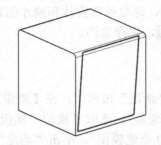

图 10-18　创建一个拉伸曲面

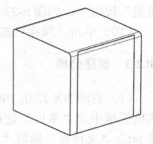

图 10-19　创建替换面

提示： 用这种方法创建的凸模，既忽略了凸模圆角的回弹，也考虑了凸模侧面回弹角度 1°。

（11）按住组合键 Ctrl+W，单击"片体"所对应的"－"，隐藏拉伸曲面。

（12）单击"拉伸"按钮 ▣，在实体的底面创建一个长方体（第一个台阶），如图 10-20 所示。

提示： 凸模的侧面有斜面，不能用来固定凸模，该台阶的侧面用来固定凸模在凸模固定板上的侧向受力和侧向压力。

（13）单击"拉伸"按钮 ▣，在实体的底面创建一个长方体（第二个台阶），尺寸为 75mm×75mm×10mm，如图 10-21 所示。

提示： 该台阶用来承受凸模在 Z 方向的压力。

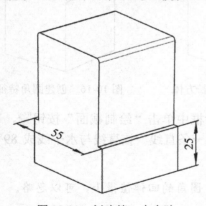

图 10-20　创建第一个台阶

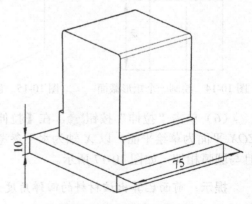

图 10-21　创建第二个台阶

（14）选取"菜单|插入|基准/点|基准平面"命令，创建 ZOX 和 ZOY 基准平面。

（15）选取"菜单|格式|引用集"命令，在【引用集】对话框中单击"添加新的引用集"按钮 ▤，参考图 6-23 所示，选取凹模实体和刚才创建的两个基准平面。

提示： 如果觉得基准平面太小，可以双击基准平面图标，然后拖动控制点，将基准平面拖大一些。

（16）单击"保存"按钮 💾，保存文档。

10.2.4　创建固定板

（1）启动 NX 12.0，单击"新建"按钮 🗋，在【新建】对话框中选取"模型"选项。在模板框中对"单位"选择"毫米"，选取"模型"模板，把"名称"设为"弯曲模固定板.prt"，"文件夹"选取"第 10 章建模图"。单击"确定"按钮，进入建模环境。

（2）单击"拉伸"按钮 📖，创建一个长方体，尺寸为 140mm×140mm×35mm；再在该长方体上创建一个长方体的坑，尺寸为 75mm×75mm×10mm，如图 10-22 所示。

（3）先单击"拉伸"按钮 📖，在【拉伸】对话框中再单击"绘制截面"按钮 📖。选取 XOY 平面为草绘平面，以 X 轴为水平参考，绘制一个矩形截面（55mm×50mm）。

（4）单击"完成"按钮 📛，在【拉伸】对话框中对"指定矢量"选择"ZC↑" 📎；把"开始距离"设为 0，对"结束"选取"贯通"，"布尔"选取" 🔴 减去"。

（5）单击"确定"按钮，在长方体中间创建一个长方形的通孔，该孔为固定位，如图 10-23 所示。

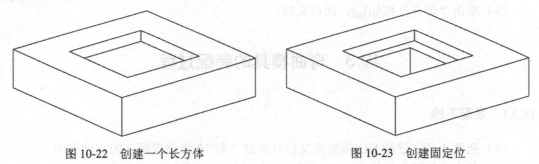

图 10-22　创建一个长方体　　　　　　　　　　　图 10-23　创建固定位

（6）单击"保存"按钮 💾，保存文档。

10.2.5　创建螺杆

（1）选取"文件｜新建"命令，在【新建】对话框中选取"模型"选项。在模板框中对"单位"选择"毫米"，选取"模型"模板，把"名称"设为"M1060.prt"，对"文件夹"选取"第 10 章建模图"。单击"确定"按钮，进入建模环境。

（2）选取"菜单｜插入｜设计特征｜旋转"命令，在【旋转】对话框中单击"绘制截面"按钮 📖。选取 ZOX 为草绘平面，以 X 轴为水平参考，绘制螺杆的截面，如图 10-24 所示。

（3）单击"完成"按钮 📛，在【旋转】对话框中对"指定矢量"选择"ZC↑"按钮 📎，"开始"选取"值"；把"角度"设为 0，对"结束"选取"值"，"角度"设为 360°。

（4）单击"指定点"按钮 ⬩，在【点】对话框中输入（0,0,0）

（5）单击"确定"按钮，创建旋转体。

（6）选取"菜单｜插入｜设计特征｜螺纹"命令，选取直径为 φ10mm 的圆柱。在

【螺纹】对话框中选取"◉详细"单选框,把"小径"设为 8.5mm,"长度"设为 30mm,"螺距"设为 1mm,"角度"设为 60°。

(7)单击"确定"按钮,创建螺纹,如图 10-25 所示。

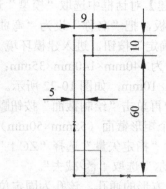

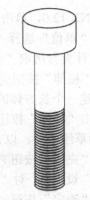

图 10-24　绘制螺杆的截面　　　　　　　　图 10-25　创建螺纹

(8)单击"保存"按钮 🖫,保存文档。

10.3　弯曲模具的装配过程

10.3.1　装配下模

(1)把第 4 章创建的 UG 模架库文档复制到"第 10 章建模图"的文件夹中。

(2)单击"打开"按钮 📂,打开第 4 章创建的"下模.prt"。

(3)选取"菜单 | 插入 | 基准/点 | 基准平面"命令,在【基准平面】对话框中对"类型"选取"YC−ZC" ⌖ YC-ZC 平面,创建 ZOY 平面,参考图 6-24。

(4)用同样方法创建 ZOX 平面,参考图 6-24。

(5)在横向菜单中先选取"应用模块"选项,再选取"装配"按钮,参考图 6-25。

(6)在横向菜单中先选取"装配"选项,再选取"添加"按钮,参考图 6-26。

(7)在【添加组件】对话框中对"定位"选取"通过约束","引用集"选取"整个部件",参考图 6-27。

(8)在【添加组件】对话框单击"打开"按钮 📂,选取"弯曲模凹模.prt",单击"OK"按钮。

(9)按照第 4 章介绍的装配方法,装配下模与弯曲模凹模,装配效果如图 10-26 所示。

(10)采用相同的方法,装配弹簧。

提示:按住组合键 Ctrl+W,在【显示与隐藏】对话框中单击"基准平面"所对应的"−",隐藏基准平面。

（11）在"装配导航器"中选中☑️⬜️下模座，单击鼠标右键，选取"设为工件部件"命令，如图 10-27 所示。

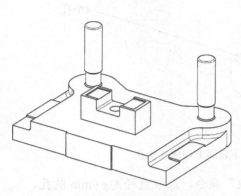

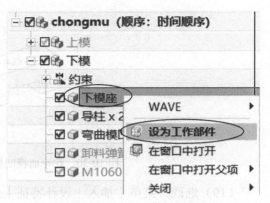

图 10-26　装配凹模与弯曲模凹模　　　　图 10-27　选"设为工件部件"

（12）选取"菜单｜插入｜设计特征｜孔"命令，在【孔】对话框中单击"绘制截面"按钮🖎，选取下模座的下表面为草绘平面，绘制 4 个点，如图 10-28 所示。

（13）单击"完成"按钮🏁，在【孔】对话框中对"类型"选取"常规孔"，"形状"选取"沉头孔"；把"沉头直径"设为 18mm，"沉头深度"设为 12mm，"直径"设为 12mm；对"深度限制"选取"贯通体"，"布尔"选取"🔩减去"。

（14）单击"确定"按钮，在下模座的底面上创建 4 个沉头孔，如图 10-29 所示。

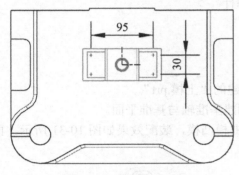

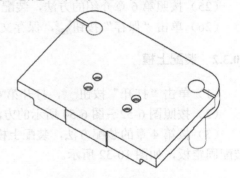

图 10-28　绘制 4 个点　　　　　　　　图 10-29　创建 4 个沉头孔

（15）在"装配导航器"中选中☑️⬜️弯曲模凹模，单击鼠标右键，选取"设为工件部件"命令，参考图 10-27。

（16）选取"菜单｜插入｜设计特征｜孔"命令，在【孔】对话框中单击"绘制截面"按钮🖎，选取弯曲模凹模的下表面为草绘平面，绘制 4 个点，如图 10-28 所示。

（17）单击"完成"按钮🏁，在【孔】对话框中对"类型"选取"常规孔"，"形状"选取"简单孔"，把"直径"设为 9mm；对"深度限制"选取"值"，把"深度"设为 25mm，"顶锥角"设为 118°，对"布尔"选取"🔩减去"。

（18）单击"确定"按钮，在弯曲模凹模的下表面上创建 4 个孔，如图 10-30 所示。

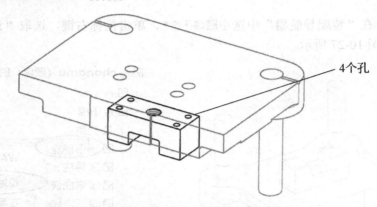

图 10-30　在弯曲模凹模的下表面上创建 4 个孔

（19）选取"菜单｜插入｜设计特征｜螺纹"命令，选取直径为 φ9mm 的孔。

（20）在【螺纹】对话框中选取"◉详细"单选框，把"大径"设为 10mm，"长度"设为 20mm，"螺距"设为 1mm，"角度"设为 60°，参考图 6-42。

（21）单击"选择开始"按钮，选取下模板的上表面为螺纹开始面，在【螺纹】对话框中单击"螺纹轴反向"按钮，使螺纹的箭头朝下。

（22）单击"确定"按钮，创建螺纹，参考图 6-43。

（23）采用相同的方法，创建其余 3 个螺纹。

（24）在"装配导航器"中双击 ☑📦 **下模（顺序：时间顺序）**，激活整个装配图。

（25）按照第 6 章介绍的方法，装配 4 个螺杆。

（26）单击"保存"按钮 💾，保存文档。

10.3.2　装配上模

（1）单击"打开"按钮 📂，打开第 4 章创建的"上模.prt"。

（2）按照图 6-52～图 6-54 所示的方法，创建基准轴与基准平面。

（3）按第 4 章的装配方法，装配上模与弯曲模凸模，装配效果如图 10-31 所示。再装配固定板，如图 10-32 所示。

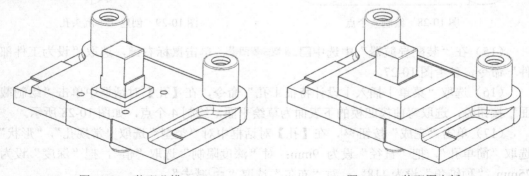

图 10-31　装配凸模　　　　　　　　　　　　　图 10-32　装配固定板

提示：按住组合键 Ctrl+W，在【显示与隐藏】对话框中单击"基准平面"所对应的"−"，隐藏基准平面。

（4）在"装配导航器"中选中☑⬚上模座，单击鼠标右键，选取"设为工件部件"命令，参考图 10-27。

（5）选取"菜单｜插入｜设计特征｜孔"命令，在【孔】对话框中单击"绘制截面"按钮◳。选取上模座的上表面为草绘平面，以 X 轴为水平参考，单击"指定点"按钮，在【点】对话框中输入（0,0,0），工件坐标系与基准坐标系对齐，如图 10-33 所示。

（6）单击"确定"按钮，绘制 4 个点，如图 10-34 所示。

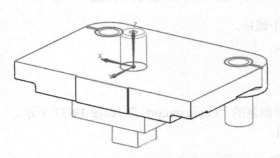

图 10-33　工件坐标系与基准坐标系对齐

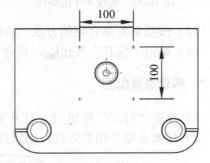

图 10-34　绘制 4 个点

（7）单击"完成"按钮◳，在【孔】对话框中对"类型"选取"常规孔"，"形状"选取"沉头孔"；把"沉头直径"设为 18mm，"沉头深度"设为 12mm，"直径"设为 12mm；对"深度限制"选取"贯通体"，"布尔"选取"减去"。

（8）单击"确定"按钮，在上模座的表面上创建 4 个沉头孔，如图 10-35 所示。

（9）在"装配导航器"中选中☑⬚弯曲模固定板，单击鼠标右键，选取"设为工件部件"命令，参考图 10-27。

（10）选取"菜单｜插入｜设计特征｜孔"命令，在【孔】对话框中单击"绘制截面"按钮◳，选取弯曲模凹模的下表面为草绘平面，绘制 4 个点，如图 10-34 所示。

（11）单击"完成"按钮◳，在【孔】对话框中对"类型"选取"常规孔"，"形状"选取"简单孔"，把"直径"设为 9mm；对"深度限制"选取"值"，把"深度"设为 30mm，"顶锥角"设为 118°，对"布尔"选取"减去"。

（12）单击"确定"按钮，在弯曲模固定板的表面上创建 4 个孔，如图 10-36 所示。

（13）选取"菜单｜插入｜设计特征｜螺纹"命令，选取直径为 ϕ9mm 的孔。

（14）在【螺纹】对话框中选取"◉详细"单选框，把"大径"设为 10mm，"长度"设为 25mm，"螺距"设为 1mm，"角度"设为 60°，参考图 6-42。

（15）单击"确定"按钮，创建螺纹，参考图 6-43。

（16）采用相同的方法，创建其余 3 个螺纹。

（17）在"装配导航器"中双击☑⬚上模（顺序：时间顺序），使之激活。

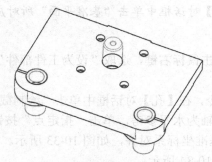
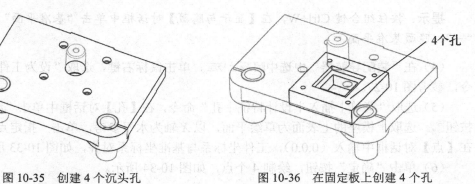

图 10-35　创建 4 个沉头孔　　　　　图 10-36　在固定板上创建 4 个孔

（18）按照第 6 章介绍的方法，装配 4 个螺杆。

（19）单击"保存"按钮![保存图标]，保存文档。

10.3.3　编辑总装配图

（1）单击"打开"按钮![打开图标]，打开第 4 章创建的"chongmu.prt"，如图 10-37 所示。

（2）按第 6 章介绍的方式，编辑总装图。

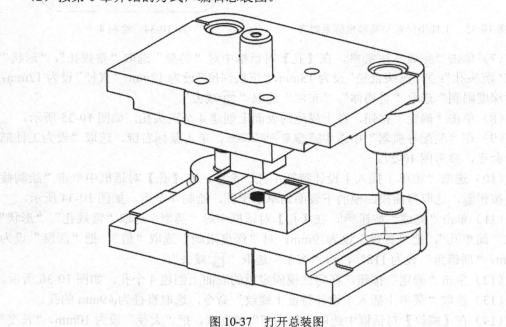

图 10-37　打开总装图

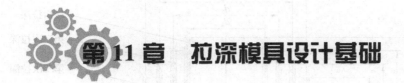

第 11 章　拉深模具设计基础

11.1　拉深模具的基本知识

11.1.1　拉深

拉深也称为拉延、压延等，是指利用模具，将平面的毛坯件冲压成各种开口的空心零件或将开口的空心工件进一步减小直径，增大高度的一种机械加工工艺，如图 11-1 所示。

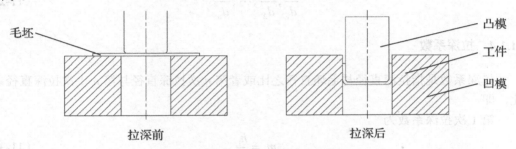

图 11-1　拉深过程

拉深可以分为不变薄拉深和变薄拉深。不变薄拉深是指拉深后，形状变化较小，零件的壁厚与拉深前相同。而变薄拉深是指形状变化较大，拉深后的壁厚明显变薄。

对于深度较浅的工件，或者延展性比较好的材料，可以将毛坯料一次性拉深成产品。对于深度较深的工件，或者延展性较差的材料，如果一次性拉深成产品，材料就可能会出现断裂的现象。因此必须分多次拉深。先用尺寸较大的凸、凹模拉深工件，再用尺寸较小的凸、凹模拉深工件，如图 11-2 所示，才可以拉深成产品。

11.1.2　相对厚度

材料相对厚度是指材料厚度与毛坯直径之比，或者与第 n 次拉深工件的直径之比，即

$$\frac{t}{d_n} \times 100 \tag{11-1}$$

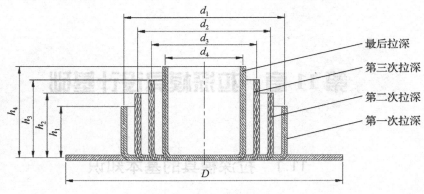

图 11-2　多次拉深过程

11.1.3　相对深度

拉深深度与拉深直径的比值，各次拉深时有不同的深度与直径，分别表示为

$$\frac{h_1}{d_1}, \frac{h_2}{d_2}, \cdots, \frac{h_n}{d_n} \tag{11-2}$$

11.1.4　拉深系数

拉深系数是指拉深直径与毛坯直径之比或者第 n 次拉深直径与第 $n-1$ 次拉深直径之比，即

第 1 次拉深系数为

$$m_1 = \frac{h_1}{D} \tag{11-3}$$

第 n 次拉深系数为

$$m_n = \frac{d_n}{d_{n-1}} \tag{11-4}$$

式中，d_1——第一次拉深的直径；

　　　D——拉深前毛坯的直径；

　　　d_n、d_{n-1}——第 n 次、第 $n-1$ 次拉深的直径。

常用材料（如 08、10、15Mn 等塑性好的材料）的拉深系数见表 11-1 和表 11-2。

表 11-1　无凸缘不用压边圈时的拉深系数

材料相对厚度 $\frac{t}{D} \times 100$	m_1	m_2	m_3	m_4	m_5	m_6
0.4	0.90	0.92	—	—	—	—
0.6	0.85	0.90	—	—	—	—
0.8	0.80	0.88	—	—	—	—
1.0	0.75	0.85	0.90	—	—	—

续表

材料相对厚度 $\frac{t}{D}\times100$	m_1	m_2	m_3	m_4	m_5	m_6
1.5	0.65	0.80	0.84	0.87	0.90	—
2.0	0.60	0.75	0.80	0.84	0.87	0.90
2.5	0.55	0.75	0.80	0.84	0.87	0.90
3.0	0.53	0.75	0.80	0.84	0.87	0.90
3.0 以上	0.50	0.70	0.75	0.78	0.82	0.85

选自《冲压模具与制造》（ISBN 7-502-55400-9）

表 11-2　无凸缘采用压边圈的最小拉深系数

各次拉深系数	材料相对厚度 $\frac{t}{D}\times100$				
	1.5～2.0	1.0～1.5	0.5～1.0	0.2～0.5	0.06～0.2
m_1	0.46～0.50	0.50～0.53	0.53～0.56	0.56～0.58	0.58～0.60
m_2	0.70～0.72	0.72～0.74	0.74～0.76	0.76～0.78	0.78～0.80
m_3	0.72～0.74	0.74～0.76	0.76～0.78	0.78～0.80	0.80～0.82
m_4	0.74～0.76	0.76～0.78	0.78～0.80	0.80～0.82	0.82～0.84
m_5	0.76～0.78	0.78～0.80	0.80～0.82	0.82～0.84	0.84～0.86

选自《冲压模具与制造》（ISBN 7-502-55400-9）

11.2　拉深次数的计算方法

11.2.1　根据公式确定拉深次数

$$n=1+\frac{\lg d-\lg(m_1D)}{\lg m}\qquad(11\text{-}5)$$

式中，　n——拉深次数；

　　　　d——拉深件直径（单位：mm）；

　　　　D——拉深件毛坯直径（单位：mm）；

　　　　m_1——第 1 次拉深系数；

　　　　m——第 2 次以及第 2 次以后各次拉深的平均拉深系数。

【例 11-1】　有一个拉深件产品的直径 d 为 $\phi50$mm，毛坯直径 D 为 $\phi150$mm，材料为 08 钢，料厚 t 为 2.0mm，求拉深次数。

解：材料的相对厚度为

$$\frac{t}{D}\times100=\frac{2}{150}\times100=1.33<1.5$$

采用无凸缘有压边圈的拉深方法，查表 11-2《无凸缘采用压边圈的最小拉深系数》可知，在 1.0～1.5 栏中，$m_1=0.50\sim0.53$，$m_2=0.72\sim0.74$，$m_3=0.74\sim0.76$，$m_4=0.76\sim0.78$，

$m_5 = 0.78 \sim 0.80$。

第 2 次及第 2 次以后各次拉深的平均拉深系数为

$$m = \frac{m_2 + m_3 + m_4 + m_5}{4} = \frac{0.73 + 0.75 + 0.77 + 0.79}{4} = 0.76$$

拉深次数的计算公式为

$$n = 1 + \frac{\lg d - \lg(m_1 D)}{\lg m} = 1 + \frac{\lg 50 - \lg(0.52 \times 150)}{\lg 0.76} = 2.62$$

答：该工件需要 3 次拉深。

11.2.2 根据相对深度确定拉深次数

无凸缘工件的最大相对深度见表 11-3。

表 11-3　无凸缘工件的最大相对深度

拉深次数	材料相对厚度 $\frac{t}{D} \times 100$					
	0.08～0.15	0.15～0.3	0.3～0.6	0.6～1.0	1.0～1.5	1.5～2.0
1	0.36～0.46	0.45～0.52	0.50～0.62	0.57～0.7	0.65～0.84	0.77～0.94
2	0.7～0.9	0.83～0.96	0.94～1.13	1.1～1.36	1.32～1.6	1.54～1.88
3	1.1～1.3	1.3～1.6	1.5～1.9	1.8～2.3	2.2～2.8	2.7～3.5
4	1.5～2.0	2.0～2.4	2.4～2.9	2.9～3.6	3.6～4.3	4.3～5.6
5	2.0～2.7	2.7～3.3	3.3～4.1	4.1～5.2	5.1～6.6	6.6～8.9

选自《冲压模具与制造》（ISBN 7-502-55400-9）

【例 11-2】　有一个拉深件，实际产品的直径 d 为 $\phi 30\text{mm}$，毛坯直径 D 为 $\phi 90\text{mm}$，拉深深度 h 为 80mm，材料为 08 号钢，料厚 t 为 1.5mm，求拉深次数。

解：材料的相对厚度

$$\frac{t}{D} \times 100 = \frac{1.5}{90} \times 100 = 1.67$$

拉深相对深度

$$\frac{h}{d} = \frac{80}{30} = 2.67$$

查表 11-3 可知，$\frac{t}{D} \times 100 = 1.67$，$\frac{h}{d} = 2.67$，因此，该工件的拉深次数为 3 次。

11.3　常用拉深方法

常用的拉深方法有两种：用压边圈拉深和不用压边圈拉深。

1. 不用压边圈拉深

不用压边圈拉深是指在拉深时，不需要使用压边圈拉深，如图 11-3 所示。

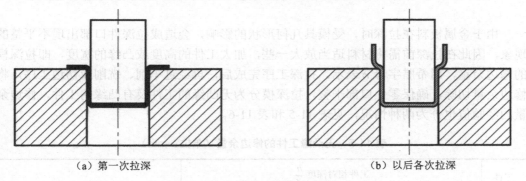

（a）第一次拉深　　　　　　　　　　（b）以后各次拉深

图 11-3　不用压边圈拉深

2. 使用压边圈拉深

用压边圈拉深是指在拉深时，为防止工件出现起皱的现象，用压边圈压住毛坯材料，如图 11-4 所示。

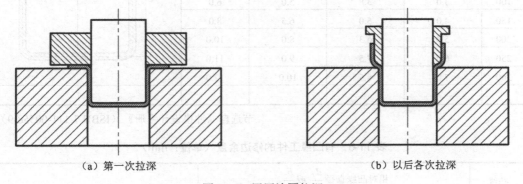

（a）第一次拉深　　　　　　　　　　（b）以后各次拉深

图 11-4　用压边圈拉深

判断是否需要采用压边圈，可参考表 11-4。

表 11-4　使用压边圈的判断方法

拉深方法	首次拉深		以后各次拉深	
	$\dfrac{t}{D} \times 100$	m_1	$\dfrac{t}{d_{n-1}} \times 100$	m_n
用压边圈	<1.5	<0.6	<1	<0.8
可用可不用	1.5~2.0	0.6	1~1.5	0.8
不用压边圈	>2.0	>0.6	>1.5	>0.8

节选自《冲模设计手册》（ISBN 7-111-00558-9）

11.4 修 边 余 量

由于金属板料在拉深时，受模具几何形状的影响，会造成拉深件口部出现不平整的现象，因此在拉深前需将材料适当放大一些，加大工件的高度或凸缘的宽度，即拉深模的修边余量，用希腊字母 δ 表示。拉深工序完成后，再经过车削、铣削或切边工序，将修边余量切除，确保零件口部平整，拉深模分为无凸缘的工件及有凸缘的工件，修边余量的经验值也分为两种情况，见表 11-5 和表 11-6。

表 11-5　无凸缘工件的修边余量（单位：mm）

工件高度	工件相对深度 $\frac{h}{d}$			
	0.5～0.8	0.8～1.6	1.6～2.5	2.5～4
10	1.0	1.2	1.5	2.0
20	1.2	1.6	2.0	2.5
50	2.0	2.5	3.3	4.0
100	3.0	3.8	5.0	6.0
150	4.0	5.0	6.5	8.0
200	5.0	6.3	8.0	10.0
250	6.0	7.5	9.0	11.0
300	7.0	8.5	10.0	12.0

节选自《冲模设计手册》（ISBN 7-111-00558-9）

表 11-6　有凸缘工件的修边余量（单位：mm）

凸缘直径	相对凸缘直径 $\frac{d_f}{d}$ 或 $\frac{b_f}{b}$			
	<0.5	1.5～2.0	2.0～2.5	2.5～3.0
25	1.6	1.4	1.2	1.0
50	2.5	2.0	1.8	1.6
100	3.5	3.0	2.5	2.2
150	4.3	3.6	3.0	2.5
200	5.0	4.2	3.5	2.7
250	5.5	4.6	3.8	2.8
300	6.0	5.0	4.0	3.0

节选自《冲模设计手册》（ISBN 7-111-00558-9）

备注：b——正方形的边长或长方形的短边宽度。

11.5　压　料　力

在拉深过程中，为防止材料起皱，需用压边圈压住毛坯料，压料力按式 11-6 计算：

$$P_y = Sp \tag{11-6}$$

式中，P_y——压料力（N）；

S——压料面积（mm^2）；

p——单位面积压料力（MPa）。

单位面积压料力的大小见表 11-7。

表 11-7　单位面积压料力大小

材料名称	单位压边力（MPa）	材料名称	单位压边力（MPa）
铝	0.8～1.2	钢 20、08、马口铁	2.5～3.0
纯铜	1.2～1.8	耐热钢（退火）	2.8～3.5
黄铜	1.5～2.0	不锈钢	3.0～4.5
冷轧青铜	2.0～2.5	—	—

选自《冲压模具与制造》（ISBN 7-502-55400-9）

11.6　拉　深　力

拉深力是指在拉深过程中使材料发生变形的作用力。拉深应力与金属性质、变形程度、模孔形状、拉深温度、坯料与工具的表面情况和润滑条件、拉深速度、坯料的形状和尺寸等因素有关。

不变薄拉深第 1 次的拉深力，按式（11-7）计算：

$$P_1 = k_1 L_1 t \sigma_b \tag{11-7}$$

以后各次不变薄拉深的拉深力，按式（11-8）计算：

$$P_n = k_2 L_n t \sigma_b \tag{11-8}$$

变薄拉深的拉深力按式（11-9）计算：

$$P_n = k_3 L_n \sigma_b (t_n - t_{n-1}) \tag{11-9}$$

式中，P_1、P_n——拉深力（N）；

k_1、k_2——系数，详见表 11-8；

k_3——系数，对于黄铜，该系数应取值 1.6～1.8；对于钢，该系数应取值 1.8～2.25；

L_1、L_n——拉深件横截面的周长；

t——材料厚度（mm）；

t_{n-1}、t_n——第 n-1 次及第 n 道工序的壁厚（mm）；

σ_b——抗拉强度（MPa）。

表 11-8　拉深力系数

拉深系数 m_1	0.55	0.57	0.60	0.62	0.65	0.67	0.70	0.72	0.75	0.77	0.80
k_1	1.0	0.93	0.86	0.79	0.72	0.66	0.60	0.55	0.50	0.45	0.40
拉深系数 m_2	0.70	0.72	0.75	0.77	0.80	0.85	0.90	0.95	—	—	—
k_2	1.0	0.95	0.90	0.85	0.80	0.70	0.60	0.50	—	—	—

节选自《冲模设计手册》（ISBN 7-111-00558-9）

【例 11-3】 拉深件材料为冷轧钢板（SPH1～8），料厚为 $t=1.2$mm，拉深直径为 $\phi 50$mm，拉深用毛坯的直径为 $\phi 80$mm，求拉深力。

解：拉深系数为

$$m_1 = \frac{d}{D} = \frac{50}{80} = 0.625$$

查表 11-8《拉深力系数》可知 $k_1=0.79$。

查表 5-7《材料抗剪、抗拉强度》，材料为冷轧钢板（SPH1～8）的抗拉强度 σ_b 为 280MPa 以上，取 $\sigma_b=300$MPa。

$$P_1 = k_1 L_1 t \sigma_b = 0.79 \times 3.14 \times 50 \times 1.2 \times 300 = 44.65\text{kN}$$

【例 11-4】 拉深件材料为 08 钢，料厚为 $t=2.0$mm，拉深次数为 1 次，变薄拉深后的壁厚为 1.7mm，拉深后的直径为 $\phi 60$mm，求变薄拉深力。

解：查表 5-7《材料抗剪、抗拉强度》可知，08 钢的抗拉强度为 900～1100MPa，取最大值为 1100MPa，变薄拉深系数为 2.25，取拉深系数为 2.0，则按拉公式（11-9），则拉深力为

$$P_n = k_3 L_n \sigma_b \left(t_n - t_{n-1}\right) = 2.0 \times 3.14 \times 60 \times 1100 \times \left(2 - 1.7\right) = 120\text{kN}$$

11.7　拉深模具间隙

拉深时，凸模与凹模间的单侧间隙，一般都大于材料的厚度，单侧间隙为

$$\frac{z}{2} = t_{max} + kt \tag{11-10}$$

式中，t_{max}——材料的最大厚度；

　　　t——材料的公称厚度；

　　　k——系数，见表 11-9。

表 11-9　拉深模具间隙系数

材料厚度	一般精度		较精密拉深	精密拉深
	一次拉深	多次拉深		
<0.4	0.07～0.09	0.08～0.10	0.04～0.05	
0.4～1.2	0.08～0.10	0.10～0.14	0.05～0.06	
1.2～3.0	0.10～0.12	0.14～0.16	0.07～0.09	0～0.04
>3.0	0.12～0.14	0.16～0.20	0.08～0.10	

节选自《冲模设计手册》（ISBN 7-111-00558-9）

11.8 拉深凹模、凸模尺寸计算

（1）最后一次拉深的凹模和凸模工件部分的尺寸计算。

① 尺寸标注在内形上，如图 11-5 所示。

凸模尺寸为

$$d_{T} = \left(d_{min} + \frac{1}{4} \Delta \right)_{-\delta_{T}}^{0} \tag{11-11}$$

凹模尺寸为

$$D_{A} = \left(d_{min} + \frac{1}{4} \Delta + Z \right)_{0}^{+\delta_{A}} \tag{11-12}$$

② 尺寸标注在外形上，如图 11-6 所示。

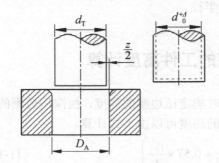

图 11-5 尺寸标注在内形上

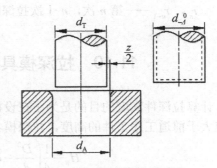

图 11-6 尺寸标注在外形上

凸模尺寸为

$$d_{T} = \left(d_{max} - \frac{3}{4} \Delta - Z \right)_{-\delta_{T}}^{0} \tag{11-13}$$

凹模尺寸为

$$D_{A} = \left(d_{max} - \frac{3}{4} \Delta \right)_{0}^{+\delta_{A}} \tag{11-14}$$

式中，d_{T}、D_{A}——凸模、凹模尺寸；

d_{min}、D_{max}——拉深件最小、最大极限尺寸；

Δ——拉深件公差；

Z——凸模、凹模间隙；

δ_{T}、δ_{A}——凸模、凹模制造公差；

（2）中间工序拉深的凹模和凸模工件部分计算。

$$D_{A} = L_{0}^{+\delta_{A}} \tag{11-15}$$

$$D_{\mathrm{T}} = (L - Z)_{-\delta_{\mathrm{T}}}^{0} \tag{11-16}$$

式中，L——中间工序尺寸。

11.9 拉深模具凹模、凸模圆角

若圆角太大，则被压的毛坯面积较小，悬空较大，易起皱；若圆角太小，则受力将集中在拐角处，容易使拉深件产生划痕和撕裂，拉深模的圆角半径可按下式计算。

$$r_1 = 0.8\sqrt{D - d_1 t} \tag{11-17}$$

$$r_n = (0.6 \sim 1.0)r_{n-1} \tag{11-18}$$

式中，r_1——首次拉深凹模圆角半径；

D——毛坯料直径；

d_1——第 1 次拉深的直径；

r_n，r_{n-1}——第 n 次，$n-1$ 次拉深凹模圆角半径。

11.10 拉深模具各工序的工件高度计算

计算拉深件高度的目的是为了在设计拉深模时确定压边圈的高度，拉深压边圈的高度应大于前道工序工件的高度，拉深模各次工件的高度可以由下式计算。

$$H_n = \frac{1}{4}\left(\frac{D^2}{d_n} - d_n + 1.72r_n + 0.57 \times \frac{r_n^2}{d_n}\right) \tag{11-19}$$

式中，H_n——第 n 次拉深的高度；

r_n——第 n 次拉深的圆角半径；

D——毛坯料直径；

d_n——第 n 次拉深的直径；

R_n，R_{n-1}——第 n 次，第 $n-1$ 次拉深的凹模圆角半径。

11.11 毛坯尺寸计算

假定拉深件为旋转体，则拉深件的毛坯材料为圆形，其圆形坯料直径的计算公式为

$$D = \sqrt{\frac{4}{\pi}S} = \sqrt{\frac{4}{\pi}\sum S_i} \tag{11-20}$$

式中，S——拉深件总表面积，单位：mm^2。

S_i——拉深件分解成简单几何形状的表面积，单位：mm^2。

（1）常见旋转体的面积计算公式见表 11-10。

表 11-10 常见旋转体的面积计算公式

名　称	简　图	面积公式
圆形		$S = \dfrac{\pi d^2}{4}$
圆筒形		$S = \pi d h$
圆锥形		$S = \dfrac{\pi d \sqrt{d^2 + 4h^2}}{4}$ $= \dfrac{\pi d l}{2}$
截头锥形		$l = \sqrt{h^2 + \left(\dfrac{d_2 - d_1}{2}\right)^2}$ $S = \dfrac{\pi l}{2}(d_1 + d_2)$
半球形		$r = \dfrac{d}{2}$ $S = 2\pi r^2$

名　　称	简　图	面积公式
球冠形		$S = \dfrac{\pi}{4}(d^2 + 4h^2)$ $S = 2\pi rh$
凸形球环		$S = 2\pi rh$
$\dfrac{1}{4}$ 凸形球环		$S = \dfrac{\pi r}{2}(\pi d + 4r)$
$\dfrac{1}{4}$ 凹形球环		$S = \dfrac{\pi r}{2}(\pi d - 4r)$
凸形球环		$S = \pi(dl + 2rh)$ 式中，$l = \dfrac{\pi r \alpha}{180°}$

（2）当毛坯的材料厚度 $t \leqslant 1mm$ 时，可以直接用公式计算毛坯的直径，而不需要计算中性层的展开公式，常用拉深件毛坯直径的计算公式见表 11-11。

表 11-11　常用拉深件毛坯直径的计算公式

简　图	毛坯直径公式
	$D = \sqrt{d^2 + 4dh}$

简　图	毛坯直径公式
	$$D = \sqrt{d_2^2 + 4d_1 h}$$
	$$D = \sqrt{d_2^2 + 4(d_1 h + d_2 h_2)}$$
	$$D = \sqrt{d_1^2 + 2l(d_1 + d_2)}$$ 式中 $l = \sqrt{\left(\dfrac{d_2 - d_1}{2}\right)^2 + h^2}$
	$$D = \sqrt{d_1^2 + 6.28 r d_1 + 8r^2 + 4d_2 h + 6.28 r_1 d_2 + 4.56 r_1^2 + d_4^2 - d_3^2}$$
	$$D = \sqrt{d_2^2 + 4h^2}$$
	$$D = \sqrt{2d^2} = = \sqrt{2}d = 1.414d$$
	$$D = 1.414\sqrt{d^2 + 2dh}$$ 或 $D = 2\sqrt{d\left(h + \dfrac{d}{2}\right)}$

简　图	毛坯直径公式
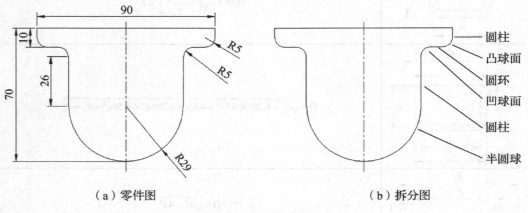	$D = \sqrt{8rh}$ 或 $D = \sqrt{S^2 + 4h^2}$
	$D = \sqrt{d_1^2 + d_2^2 + 4d_1h}$

【例 11-5】　计算图 11-7 所示拉深件的毛坯直径。

（a）零件图　　　　　　　　　　　　　（b）拆分图

图 11-7　拉深件产品图

解：将拉深件的产品图分解成图 11-7（b）所示的 6 个不同的几何形状，并分别计算分解后几何形状的表面积。

（1）第一个圆柱面积：

$$S_1 = \pi dh = 3.14 \times 90 \times 5 = 1413 \text{mm}^2$$

（2）凸形球面面积：

$$S_2 = \frac{\pi r}{2}(\pi d + 4r) = \frac{3.14 \times 5}{2} \times (3.14 \times 80 + 4 \times 5) = 2128.92 \text{mm}^2$$

（3）圆环面积：

$$S_3 = \frac{\pi d^2}{4} = \frac{3.14 \times (80^2 - 68^2)}{4} = 1394.16 \text{mm}^2$$

（4）凹形球面面积：

$$S_4 = \frac{\pi r}{2}(\pi d - 4r) = \frac{3.14 \times 5 \times (3.14 \times 68 - 4 \times 5)}{2} = 1519.132 \text{mm}^2$$

（5）第二个圆柱面积：

$$S_5 = \pi d h = 3.14 \times 58 \times 26 = 4735.12 \text{mm}^2$$

（6）半球面积：

$$S_6 = 2\pi R^2 = 2 \times 3.14 \times 29^2 = 5281.48 \text{mm}^2$$

可得

$$\sum S = S_1 + S_2 + S_3 + S_4 + S_5 + S_6 = 16471.8 \text{mm}^2$$

其圆形坯料的直径为

$$D = \sqrt{\frac{4}{\pi}S} = \sqrt{\frac{4}{\pi}\sum S_i} = \sqrt{\frac{4}{\pi} \times 16471.8} = 144.85 \text{mm}$$

第 12 章 UG 拉深模具设计

本章以一个简单的拉深模具为例，详细说明 UG 拉深模具设计的一般过程，零件材料为 SPCC 冷板，料厚为 1.0mm，产品尺寸如图 12-1 所示。

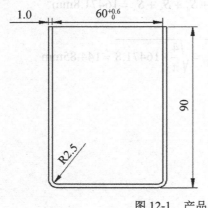

零件名称：油桶
生产批量：大批量
材料：SPCC冷板
料厚：1.0mm
未注公差按IT12

图 12-1 产品尺寸

12.1 工 艺 分 析

12.1.1 计算修边余量

该工件是无凸缘的筒形工件，工件的相对高度为

$$\frac{h}{d} = \frac{90}{60} = 1.5$$

查表 11-5《无凸缘工件的修边余量》可知，修边余量为 3.8mm，工件的实际拉深高度 H 为

$$H = 90 + 3.8 = 93.8mm$$

12.1.2 计算毛坯尺寸

查表 11-11《常用拉深件毛坯直径的计算公式》可知，该零件的毛坯直径为

$$D = \sqrt{d^2 + 4dh} = \sqrt{62 \times 62 + 4 \times 62 \times 93.8} = 165mm$$

注意：根据表 11-11，图形尺寸标注在外形上，而图 12-1 的尺寸标注在内形上。因此，该产品的直径应为 $\phi 62mm$。

12.1.3 确定拉深次数

毛坯的相对厚度为

$$\frac{t}{D} \times 100 = \frac{1}{165} \times 100 = 0.6$$

工件的相对高度为

$$\frac{H}{D} = \frac{93.8}{60} = 1.56$$

采用无凸缘有压边圈的拉深方法，查表 11-2《无凸缘采用压边圈的最小拉深系数》可知，在 0.5～1.0 栏中，m_1=0.53～0.56，m_2=0.74～0.76，m_3=0.76～0.78，m_4=0.78～0.80，m_5=0.80～0.82。

该材料的第一次拉深系数为 0.53～0.56，取中间值 0.545。

第二次及第二次以后各次拉深的平均拉深系数为

$$m = \frac{0.75 + 0.77 + 0.79 + 0.81}{4} = 0.78$$

按照式 11-5，拉深次数为

$$n = 1 + \frac{\lg d - \lg(m_1 D)}{\lg m} = 1 + \frac{\lg 62 - \lg(0.545 \times 165)}{\lg 0.78} = 2.5$$

因此，该产品至少需要拉深 3 次。

12.1.4 计算各拉深工序的直径

查表 11-2《无凸缘采用压边圈的最小拉深系数》可知，在 0.5～1.0 栏中，m_1=0.53～0.56，m_2=0.74～0.76，m_3=0.76～0.78，则有

$$D_1 = m_1 \times D = 0.545 \times 165 = 90 \text{mm}$$
$$D_2 = m_2 \times d_1 = 0.75 \times 90 = 68 \text{mm}$$
$$D_3 = m_3 \times d_2 = 0.77 \times 68 = 52 \text{mm}$$

通过计算，第三次拉深的直径已远小于工件直径，可以对各次拉深系数适当调大一些，使最后拉深的直径接近工件尺寸（ϕ62mm），经过计算后，各次拉深系数为

$$m_1 = 0.6，m_2 = 0.78，m_3 = 0.8$$

即 $D \times m_1 \times m_2 \times m_3 = 165 \times 0.6 \times 0.78 \times 0.8 = 62 \text{mm}$

调整拉深系数后的各次拉深直径为

$$D_1 = m_1 \times D = 0.6 \times 165 = 99 \text{mm}$$
$$D_2 = m_2 \times d_1 = 0.78 \times 99 \approx 77 \text{mm}$$
$$D_3 = m_3 \times d_2 = 0.8 \times 77 \approx 62 \text{mm}$$

12.1.5 计算各拉深工序的圆角半径

第一次拉深的凸模圆角（式 11-17）为

$$r_1 = 0.8\sqrt{D - d_1 t} = 0.8 \times \sqrt{(165 - 99) \times 1} \approx 6.5\text{mm}$$

第二次拉深的凸模圆角（式 11-18）为

$$r_2 = 0.6 \sim 1.0 r_1 = 0.8 \times 6.5 = 5\text{mm}$$

第三次拉深为最后拉深，凸模的圆角为产品图的圆角，即

$$r_3 = 2.5\text{mm}$$

注意：拉深件内形的圆角由凸模决定，外形的圆角等于凸模圆角+料厚，无须另外计算外形圆角。

12.1.6 计算各拉深工序的深度

由式（11-19）得

$$H_1 = \frac{1}{4}\left(\frac{165^2}{99} - 99 + 1.72 \times 6.5 + 0.57 \times \frac{6.5^2}{99}\right) \approx 46.5\text{mm}$$

$$H_2 = \frac{1}{4}\left(\frac{165^2}{77} - 77 + 1.72 \times 5 + 0.57 \times \frac{5^2}{77}\right) \approx 71\text{mm}$$

$$H_3 = \frac{1}{4}\left(\frac{165^2}{62} - 62 + 1.72 \times 2.5 + 0.57 \times \frac{2.5^2}{62}\right) \approx 95\text{mm}$$

从计算结果可以看出，最后一次拉深深度的数值为 95mm，比产品高度（90mm）与修边余量（3.8mm）之和 93.8mm 稍大，符合模具的要求。

12.1.7 绘制各工序的简图

该产品需要 5 个工序，即落料→第一次拉深→第二次拉深→第三次拉深→切边。各工序的简图如图 12-2 所示。

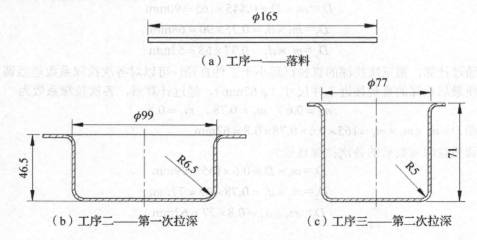

$\phi165$

（a）工序一——落料

$\phi99$

R6.5

46.5

（b）工序二——第一次拉深

$\phi77$

R5

71

（c）工序三——第二次拉深

图 12-2　5 个工序

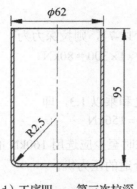
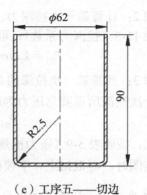

（d）工序四——第三次拉深　　　　　　　　（e）工序五——切边

图 12-2　5 个工序（续）

12.1.8　选用各工序的压力机

1. 工序一——落料模的压力机

步骤 1：计算冲裁力。

查表 5-7《材料的抗剪、抗拉强度》可知，该材料的抗剪强度为 260MPa 以上，取抗剪强度为 300MPa，按式（5-10），则

$$F_c = Lt\tau_b = 3.14 \times 165 \times 1 \times 300 \approx 155\text{kN}$$

步骤 2：计算推件力。

假设凹模中有 5 件落料件，查表 5-8《卸料力系数、推件力系数和顶料力系数》，取该材料的推件力系数为 0.05，则按式（5-12），可得

$$F_t = nK_tF_c = 5 \times 0.05 \times 155430 \approx 38\text{kN}$$

步骤 3：计算总冲裁力。

采用刚性卸料装置和下出料方式时，冲裁压力为冲裁力与推件力之和，则按式（5-14），可得

$$F = F_c + F_t = 155430 + 38857.5 = 190\text{kN}$$

步骤 4：落料模所用的压力机最小压力为

$$F = 1.3 \times 190 \approx 250\text{kN}$$

按表 5-9《压力机规格》，应选用 250kN 的压力机加工落料件。

2. 工序二——第一次拉深的压力机

步骤 1：计算第一次拉深的压边力。

查表 5-7《材料的抗剪、抗拉强度》，该材料的抗剪强度 300MPa，查表 11-7《单位面积压料力大小》，单位压边力 p=3MPa，根据式（11-6），则压边力为

$$P_{压1} = Sp = \pi\left[\left(\frac{165}{2}\right)^2 - \left(\frac{99}{2}\right)^2\right] \times 3 \approx 41\text{kN}$$

步骤 2：计算第一次拉深力。

查表 11-8《拉深力系数》，取 $k_1=0.86$，按式（11-7），则拉深力为

$$P_{拉1} = k_1 l_1 t \sigma_b = 0.86 \times 3.14 \times 99 \times 1 \times 300 = 80 \text{kN}$$

步骤 3：计算第一次拉深的总压力。

第一次拉深所需要总压力为压边力和拉深力之和乘以 1.3，即

$$P_{总1} = 1.3 \times (P_{压1} + P_{拉1}) = 156 \text{kN}$$

因此，按照表 5-9《压力机规格》，第一次拉深时至少应选用 160kN 的压力机，后续设计总装图时，再根据上、下模闭合的高度选择合适的压力机。

3. 工序三——计算第二次拉深的压力机

步骤 1：计算第二次拉深的压边力。

根据式（11-6），则压边力为

$$P_{压2} = Sp = \pi \left[\left(\frac{99}{2} \right)^2 - \left(\frac{77}{2} \right)^2 \right] \times 3 \approx 9 \text{kN}$$

步骤 2：计算第二次拉深的拉深力。

查表 11-8《拉深力系数》，取 $k_2=0.8$，根据式（11-8），则拉深力为

$$P_{拉2} = k_2 l_n t \sigma_b = 0.8 \times 3.14 \times 77 \times 1 \times 300 \approx 58 \text{kN}$$

步骤 3：计算第二次拉深的总压力。

第二次拉深所需要总压力为压边力和拉深力之和乘以 1.3

$$P_{总2} = 1.3 \times (P_{压2} + P_{拉2}) \approx 87 \text{kN}$$

因此，按照表 5-9《压力机规格》，第二次拉深时至少应选用 100kN 的压力机，但 100kN 压力机的行程只有 50mm，低于第二次拉深的深度（71mm），应选用 400kN 的压力机。

4. 工序四——第三次拉深的压力机

步骤 1：计算第三次拉深的压边力

按式（11-6），则压边力为

$$P_{压3} = Sp = \pi \left[\left(\frac{77}{2} \right)^2 - \left(\frac{62}{2} \right)^2 \right] \times 3 \approx 5 \text{kN}$$

步骤 2：计算第二次拉深的拉深力

查表 11-8《拉深力系数》，取 $k_3=0.8$，按式（11-8），则拉深力为

$$P_{拉3} = k_3 l_3 t \sigma_b = 0.8 \times 3.14 \times 62 \times 1 \times 300 \approx 46.7 \text{kN}$$

步骤 3：计算第二次拉深的总压力

第三次拉深所需要总压力为压边力和拉深力之和乘以 1.3，即

$$P_{总3} = 1.3 (P_{压3} + P_{拉3}) \approx 67 \text{kN}$$

因此，按照表 5-9《压力机规格》，在第三次拉深时应选用至少 100kN 的压力机，但 100kN 压力机的行程为 60mm，低于第三次拉深的深度（95mm）要求，不符合要求。因此，至少应选择 400kN 的压力机。

5．工序五——切边

可以运用车床、铣床等设备，将工序四拉深后的修边余量切除，而不需要使用模具加工。

12.1.9　计算各工序的凸模、凹模尺寸

1．工序一——落料模凸模、凹模尺寸

因为落料件是工序件，对尺寸精度要求较低，因此可以粗略计算落料模凸模、凹模尺寸。查表 5-3《凸模、凹模制造公差》可知 $\delta_A = 0.04$，$\delta_T = -0.03$。查表 5-1《落料模和冲孔模间隙经验值》可知，该材料的间隙值为 0.30～0.34mm。则由式（5-1）和式（5-2）可得凹模、凸模直径：

$$D_A = (D_{max} - x\Delta)_0^{+\delta_A} \approx D_0^{+\delta_A} = 165_0^{+0.04} \text{mm}$$
$$D_T = (D_A - Z_{min})_{-\delta_T}^0 = 164.7_{-0.03}^0 \text{mm}$$

2．工序二——第一次拉深的凸模、凹模尺寸

查表 5-3《凸模、凹模制造公差》可知 $\delta_A = 0.035$，$\delta_T = -0.025$，凸模、凹模的双边间隙按式（11-10）计算，查表 11-9《拉深模间隙系数》可知，$k=0.12$，可得

$$Z = 2(t_{max} + kt) = 2 \times (1 + 0.12 \times 1) = 2.24\text{mm}$$

第一次拉深属于中间工序，工件尺寸精度要求不太严格，按式（11-15）和式（11-16）计算凸模、凹模近似尺寸。

$$D_A = D_{1\ 0}^{\ +\delta_A} = 99_0^{+0.035} \text{mm}$$
$$D_T = (D_1 - Z)_{-\delta_T}^0 = 96.76_{-0.025}^0 \text{mm}$$

3．工序三——第二次拉深的凸、凹模尺寸

第二次拉深属于中间工序，工件的尺寸精度要求不太严格，因此可以按第一次拉深的方法计算第二次拉深的凸模、凹模尺寸，查表 5-3《凸模、凹模制造公差》可知 $\delta_A = 0.03$，$\delta_T = -0.02$，结果如下。

$$D_A = D_{2\ 0}^{\ +\delta_A} = 77_0^{+0.03} \text{mm}$$
$$D_T = (D_2 - Z)_{-\delta_T}^0 = 74.76_{-0.02}^0 \text{mm}$$

4. 工序四——第三次拉深的凸模、凹模尺寸

第三次拉深属于成形工序，工件的尺寸精度要求比较严格。因此，在计算凸模、凹模尺寸时必须严格按公差计算。查表 5-3《凸模、凹模制造公差》可知 $\delta_A = 0.03$，$\delta_T = -0.02$。产品尺寸标注在内形上，因此按式（11-11）和式（11-12）得：

凸模尺寸为

$$d_T = \left(d_{min} + \frac{1}{4}\varDelta\right)_{-\delta_T}^{\ 0} = \left(60 + \frac{1}{4}\times 0.6\right)_{-0.02}^{\ 0} = 60.15_{-0.02}^{\ 0}\,\text{mm}$$

凹模尺寸为

$$D_A = (d_T + Z)_0^{+\delta_A} = (60.15 + 2.24)_0^{+0.03} = 62.39_0^{+0.03}\,\text{mm}$$

UG 落料模具的设计过程在第 6 章有详细介绍，本章不再细述。

12.2　拉深工序一和工序二的设计过程

12.2.1　创建凹模

（1）先创建一个新的文件夹，"名称"设为"第 12 章建模图\拉深（1）"，目的是将拉深（1）创建的 UG 模具零件图全部放在这个目录中。

（2）启动 NX 12.0，单击"新建"按钮，在【新建】对话框中选取对"模型"选项，在模板框中"单位"选择"毫米"，选取"模型"模板，把"名称"设为"拉深模凹模（1）.prt"；对"文件夹"选取"第 12 章建模图\拉深（1）"，单击"确定"按钮，进入建模环境。

（3）选取"菜单｜插入｜设计特征｜长方体"命令，在【块】对话框中对"类型"选取"原点和边长"选项，把"长度"设为 160mm，"宽度"设为 160mm，"高度"设为 70mm。单击"指定点"按钮，在【点】对话框中输入（–80，–80，0）。单击"确定"按钮，创建一个长方体，如图 12-3 所示。

（4）选取"菜单｜插入｜设计特征｜孔"命令，在【孔】对话框中单击"绘制截面"按钮；选取上表面为草绘平面，以 X 轴为水平参考，在原点处绘制 1 个点。

（5）单击"完成"按钮，在【孔】对话框中对"类型"选取"常规孔"，"形状"选取"简单孔"，把"直径"设为 99mm；对"深度限制"选取"贯通体"，"布尔"选取" 减去"。

（6）单击"确定"按钮，创建 1 个通孔，参考图 12-3。

（7）单击"边倒圆"按钮，在型腔上部创建 $R6.5$mm 圆角。型腔口部做成圆角，防止材料拉裂，圆角的大小可以取凸模圆角大小。

（8）选取"菜单｜插入｜设计特征｜孔"命令，在【孔】对话框中单击"绘制截面"按钮；选取上表面为草绘平面，以 X 轴为水平参考，在直径为 ϕ171mm 的圆周上绘制 4 个点，点与原点的连线与 X 轴成 45° 夹角，如图 12-4 所示。

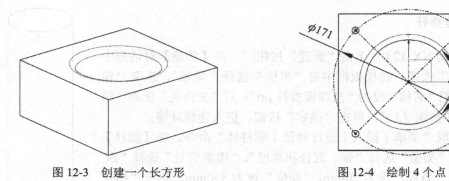

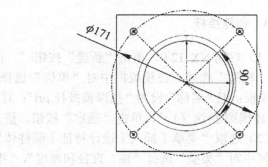

图 12-3　创建一个长方形　　　　　　　　　图 12-4　绘制 4 个点

提示：图中的 ϕ171mm=毛坯料尺寸 ϕ163mm+定位梢尺寸 ϕ8mm。

（9）单击"完成"按钮，在【孔】对话框中对"类型"选取"常规孔"，"形状"选取"简单孔"，把"直径"设为 4mm；对"深度限制"选取"值"，把"深度"设为 10mm，对"布尔"选取"减去"。

（10）单击"确定"按钮，创建 4 个定位孔，如图 12-5 所示。

12.2.2　创建凹模推件板

（1）启动 NX 12.0，单击"新建"按钮，在【新建】对话框中选取"模型"选项，在模板框中对"单位"选择"毫米"，选取"模型"模板，把"名称"设为"拉深模凹模推件板（1）.prt"；对"文件夹"选取"第 12 章建模图\拉深（1）"，单击"确定"按钮，进入建模环境。

（2）选取"菜单 | 插入 | 设计特征 | 圆柱体"命令，在【圆柱】对话框中对"类型"选择"轴、直径和高度"，"指定矢量"选择"ZC↑"，把"直径"设为 98mm，"高度"为 20mm。单击"指定点"按钮，在【点】对话框中输入（0,0,0）。单击"确定"按钮，创建一个圆柱体（推件板），如图 12-6 所示。

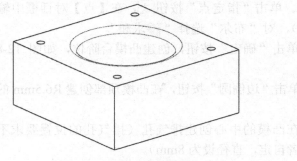

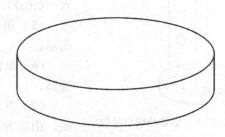

图 12-5　创建 4 个定位孔　　　　　　　　　图 12-6　创建推件板

12.2.3 创建推杆

（1）启动 NX 12.0，单击"新建"按钮 。在【新建】对话框中选取"模型"选项，在模板框中对"单位"选择"毫米"，选取"模型"模板；把"名称"设为"拉深模推杆.prt"；对"文件夹"选取"第12章建模图\拉深（1）"。单击"确定"按钮，进入建模环境。

（2）选取"菜单｜插入｜设计特征｜圆柱体"命令，在【圆柱】对话框中对"类型"选择"轴、直径和高度"，"指定矢量"选择"ZC↑" ，把"直径"设为 20mm，"高度"设为 350mm。单击"指定点"按钮 ，在【点】对话框中输入（0,0,0）。

（3）单击"确定"按钮，创建推杆，如图 12-7 所示。

图 12-7　创建推杆

12.2.4 创建凸模

（1）启动 NX 12.0，单击"新建"按钮 ，在【新建】对话框中选取"模型"选项，在模板框中对"单位"选择"毫米"，选取"模型"模板，把"名称"设为"拉深模凸模（1）.prt"；对"文件夹"选取"第 12 章建模图\拉深（1）"，单击"确定"按钮，进入建模环境。

（2）选取"菜单｜插入｜设计特征｜圆柱体"命令，在【圆柱】对话框中对"类型"选择"轴、直径和高度"，"指定矢量"选择"ZC↑" ，把"直径"设为 96.76mm，"高度"设为 120mm（凸模的高度=压边圈高度+凸模固定板高度+第一次拉深件的高度+15mm）。

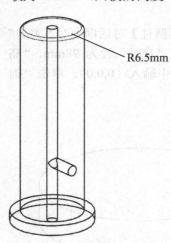

R6.5mm

图 12-8　创建凸模台阶位

（3）单击"指定点"按钮 ，在【点】对话框中输入（0,0,0）。单击"确定"按钮，创建凸模。

（4）选取"菜单｜插入｜设计特征｜圆柱体"命令，在【圆柱】对话框中对"类型"选取"轴、直径和高度"，"指定矢量"选取"ZC↑" ；把"直径"设为 110mm，"高度"设为 5mm。单击"指定点"按钮 ，在【点】对话框中输入（0,0,0），对"布尔"选择" 求和"。

（5）单击"确定"按钮，创建凸模台阶位，如图 12-8 所示。

（6）单击"边倒圆"按钮，在凸模顶部创建 R6.5mm 的圆弧。

（7）在凸模的中心创建排气孔（排气孔的位置要求不高，由读者自定，直径设为 8mm）。

12.2.5 创建压边圈

（1）启动 NX 12.0，单击"新建"按钮 ，在【新建】对话框中选取"模型"选项，在模板框中对"单位"选择"毫米"，选取"模型"模板，把"名称"设为"拉深模压边圈（1）.prt"；"文件夹"选取"第 12 章建模图\拉深（1）"，单击"确定"按钮，进入建模环境。

（2）选取"菜单｜插入｜设计特征｜长方体"命令，在【块】对话框中对"类型"选择"原点和边长"选项；把"长度"设为160mm，"宽度"设为160mm，"高度"设为 30mm。单击"指定点"按钮 ⬚，在【点】对话框中输入（-80，-80，0）。单击"确定"按钮，创建一个长方体（压边圈），如图 12-9 所示。

（3）选取"菜单｜插入｜设计特征｜孔"命令，在【孔】对话框中单击"绘制截面"按钮 ▦，选取 XOY 平面为草绘平面，以 X 轴为水平参考，在原点处绘制 1 个点。

（4）单击"完成"按钮 ▩，在【孔】对话框中对"类型"选取"常规孔"，"形状"选取"简单孔"，把"直径"设为 99mm；对"深度限制"选取"贯通体"，"布尔"选取" ⬚减去"。

（5）单击"确定"按钮，创建 1 个孔（压边圈中的孔直径可以与凹模直径一样大）。

（6）选取"菜单｜插入｜设计特征｜孔"命令，在【孔】对话框中单击"绘制截面"按钮 ▦，选取 XOY 平面为草绘平面，以 X 轴为水平参考，按图 12-4 绘制 4 个点。

（7）单击"完成"按钮 ▩，在【孔】对话框中对"类型"选取"常规孔"，"形状"选取"简单孔"，把"直径"设为 10mm；对"深度限制"选取"值"，把"深度"设为10mm，对"布尔"选取" ⬚减去"。

（8）单击"确定"按钮，创建 4 个孔。

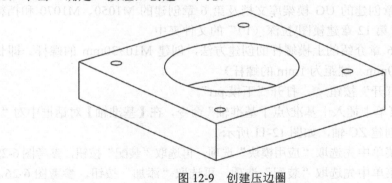

图 12-9 创建压边圈

12.2.6 创建凸模固定板

（1）启动 NX 12.0，单击"新建"按钮 ▨，在【新建】对话框中选取"模型"选项。在模板框中对"单位"选择"毫米"，选取"模型"模板，把"名称"设为"拉深模凸模固定板.prt"；"文件夹"选取"第 12 章建模图\拉深（1）"，单击"确定"按钮，进入建模环境。

（2）选取"菜单｜插入｜设计特征｜长方体"命令，在【块】对话框中对"类型"选"原点和边长"选项，把"长度"设为 160mm，"宽度"设为 160mm，"高度"设为

30mm。单击"指定点"按钮⊞，在【点】对话框中输入（－80，－80，0）。单击"确定"按钮，创建一个长方体。

（3）选取"菜单|插入|设计特征|孔"命令，在【孔】对话框中单击"绘制截面"按钮▦。选取 XOY 平面为草绘平面，以 X 轴为水平参考，在原点处绘制 1 个点。

（4）单击"完成"按钮▧，在【孔】对话框中对"类型"选取"常规孔"，"形状"选取"沉头孔"，把"沉头直径"设为 110mm，"沉头深度"设为 5mm，"直径"设为 96.76mm；对"深度限制"选取"贯通体"，"布尔"选取"📌减去"。

（5）单击"确定"按钮，创建凸模固定位，如图 12-10 所示。

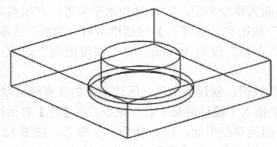

图 12-10　创建凸模固定板

12.2.7　装配下模

（1）把第 4 章创建的 UG 模架库文档及第 6 章创建的 M1050、M1070 和挡料销的 UG 文档复制到"第 12 章建模图\拉深（1）"的文件夹中。

（2）按照第 6 章介绍的上模螺杆的创建方法，创建 M10×30mm 的螺杆。即长度为 30mm、外径为 10mm、螺距为 1mm 的螺杆）

（3）单击"打开"按钮📂，打开"下模.prt"。

（4）选取"菜单|插入|基准/点|基准轴"命令，在【基准轴】对话框中对"类型"选取"ZC 轴"，创建 ZC 轴，如图 12-11 所示。

（5）在横向菜单中先选取"应用模块"选项，再选取"装配"按钮，参考图 6-25。

（6）在横向菜单中先选取"装配"选项，再选取"添加"按钮，参考图 6-26。

（7）在【添加组件】对话框中对"定位"选取"通过约束"，"引用集"选取"整个部件"，参考图 6-27。

（8）在【添加组件】对话框单击"打开"按钮📂，选取"凹模推件板（1）.prt"，单击"OK"按钮。

（9）按第 4 章介绍的装配方法，装配下模与凹模推件板（1），装配后如图 12-12 所示。

（10）采用相同的方法，装配凹模，如图 12-13 所示。

（11）在"装配导航器"中选中☑▣ 下模座，单击鼠标右键，选取"设为工件部件"命令，参考图 10-27。

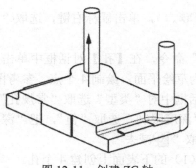

图 12-11　创建 ZC 轴

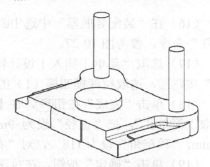

图 12-12　装配凹模推件板

（12）选取"菜单｜插入｜设计特征｜孔"命令，在【孔】对话框中单击"绘制截面"按钮圖；选取下模座的下表面为草绘平面，绘制 4 个点，如图 12-14 所示。

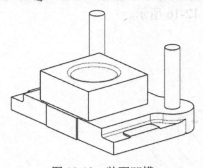

图 12-13　装配凹模

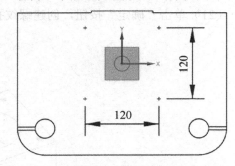

图 12-14　绘制 4 个点

（13）单击"完成"按钮圈，在【孔】对话框中对"类型"选取"常规孔"，"形状"选取"沉头孔"；把"沉头直径"设为 18mm，"沉头深度"设为 12mm，"直径"设为 12mm；对"深度限制"选取"贯通体"，"布尔"选取"减去"。

（14）单击"确定"按钮，在下模座的底面上创建 4 个沉头孔。

（15）按照上述的方法，在下模座的中心创建一个简单孔，孔的直径为 ϕ20mm，对"深度限制"选择"贯通"，如图 12-15 所示。

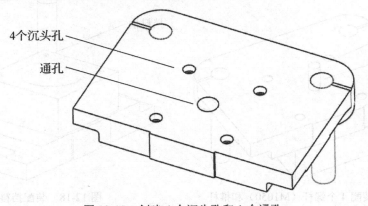

4 个沉头孔

通孔

图 12-15　创建 4 个沉头孔和 1 个通孔

（16）在"装配导航器"中选中☑️⬛拉深模凹模（1），单击鼠标右键，选取"设为工件部件"命令，参考图10-27。

（17）选取"菜单｜插入｜设计特征｜孔"命令，在【孔】对话框中单击"绘制截面"按钮，选取拉深模凹模（1）的下表面为草绘平面，绘制4个点，参考图10-14。

（18）单击"完成"按钮，在【孔】对话框中对"类型"选取"常规孔"，"形状"选取"简单孔"，把"直径"设为9mm；对"深度限制"选取"值"，把"深度"设为30mm，"顶锥角"设为118°，对"布尔"选取"⬛减去"。

（19）单击"确定"按钮，在拉深模凹模（1）的下表面上创建4个孔。

（20）选取"菜单｜插入｜设计特征｜螺纹"命令，选取直径为ϕ9mm的孔。在【螺纹】对话框中选取"⬤ 详细"单选框，把"大径"设为10mm，"长度"设为20mm，"螺距"设为1mm，"角度"设为60°。

（21）单击"确定"按钮，创建螺纹孔，如图12-16所示。

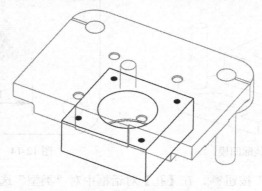

图12-16 创建螺纹孔

（22）在"部件导航器"中双击☑️⬛下模，激活整个装配图。

（23）按照第6章介绍的方法，装配4个螺杆（M1050）和推杆，如图12-17所示。

（24）装配第6章创建的挡料销，如图12-18所示。

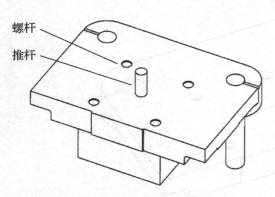

螺杆
推杆

图12-17 装配4个螺杆（M1050）和推杆

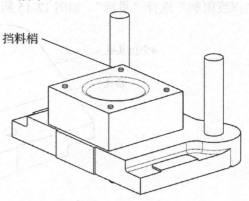

挡料梢

图12-18 装配挡料销

（25）单击"保存"按钮，保存文档。

12.2.8　装配上模

（1）单击"打开"按钮，打开"上模.prt"。

（2）在横向菜单中先选取"应用模块"选项，再选取"装配"按钮，参考图 6-25。

（3）在横向菜单中先选取"装配"选项，再选取"添加"按钮，参考图 6-26。

（4）在【添加组件】对话框中对"定位"选取"通过约束"，"引用集"选取"整个部件"，参考图 6-27。

（5）在【添加组件】对话框单击"打开"按钮，选取"拉深模凸模（1）.prt"按钮，单击"OK"按钮。

（6）按第 4 章的装配方法，装配上模与凸模，如图 12-19 所示。

（7）装配固定板，如图 12-20 所示。

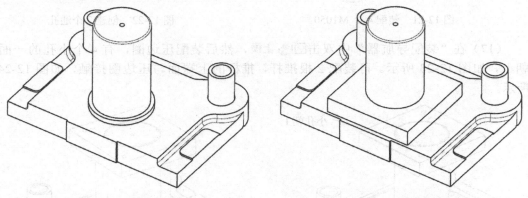

图 12-19　装配上模与凸模　　　　　　　图 12-20　装配固定板

（8）在"装配导航器"中双击☑🔲 **上模座**，激活上模座文件。

（9）选取"菜单｜插入｜设计特征｜孔"命令，在【孔】对话框中单击"绘制截面"按钮，选取上模座的上表面为草绘平面，绘制 4 个点，参考图 12-14。

（10）单击"完成"按钮，在【孔】对话框中对"类型"选取"常规孔"，"形状"选取"沉头孔"；把"沉头直径"设为 18mm，"沉头深度"设为 12mm，"直径"设为 12mm；对"深度限制"选取"贯通体"，"布尔"选取"🔲减去"。

（11）单击"确定"按钮，在上模座的上表面创建 4 个沉头孔。

（12）采用相同的方法，在凸模固定板上创建 4 个简单孔，孔的深度为 25mm，直径为φ9mm。

（13）在凸模固定板的孔上创建螺纹（M10×20mm）。

（14）在"装配导航器"中双击☑🔩 **上模**，装配 4 个上模螺杆（M1050），如图 12-21所示。

（15）在"装配导航器"中双击☑️◻️**上模座**，在上模座创建两个通孔（ϕ20mm），中心距为135mm，如图12-22所示。

（16）在"装配导航器"中双击☑️◻️**拉深模固定板（1）**，在凸模固定板（1）上创建两个通孔（ϕ20mm），中心距为135mm。

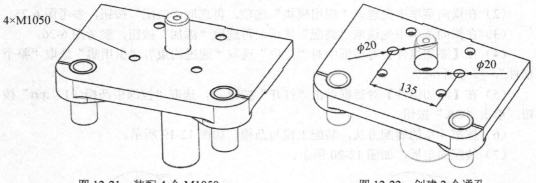

图12-21 装配4个M1050　　　　图12-22 创建2个通孔

（17）在"装配导航器"中双击☑️◻️**上模**，然后装配压边圈，有4个小孔的一面朝上，如图12-23所示。再装配2根推杆，推杆的上端面与压边圈接触，如图12-24所示。

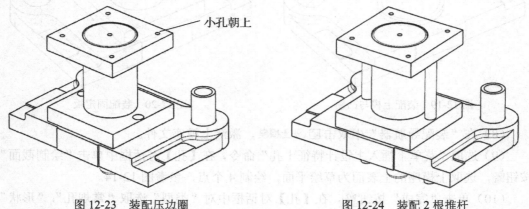

图12-23 装配压边圈　　　　图12-24 装配2根推杆

（18）在"装配导航器"中双击☑️◻️**拉深模压边圈（1）**，使其激活。在压边圈上表面创建2个沉头孔，2个孔的中心距为135mm，沉头孔的大小与上模座上表面的沉头孔相同。

（19）采用相同的方法，在推杆的端面创建螺纹孔（螺纹孔的小径为ϕ9mm，孔的深度为25mm，螺距为1mm）。

（20）在"装配导航器"中双击☑️◻️**上模**，然后装配2支M10×30mm的螺杆，如图12-25所示。

（21）单击"保存"按钮💾，保存文档。

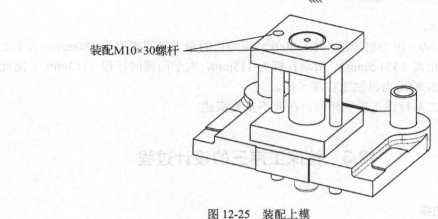

装配M10×30螺杆

图 12-25　装配上模

12.2.9　选择压力机

（1）工件的高度为 46.5mm，将工件从模具中取出的工具的高度为 20mm。因此，压料圈与凹模的距离至少为 66.5mm，才能将工件取出，如图 12-26 所示。

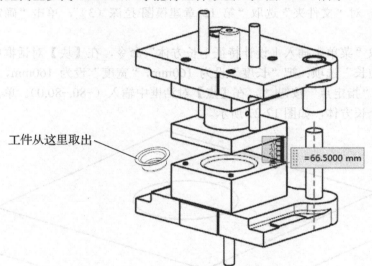

工件从这里取出

=66.5000 mm

图 12-26　压料圈与凹模的距离至少为 66.5mm

（2）每完成一次冲压过程，凸模的行程为 66.5mm+46.5mm=113mm。查表 5-9《压力机规格》，应选择 800kN 的压力机。

（3）单击"打开"按钮 ，打开"chongmu.prt"，在"约束导航器"中选取"距离"，单击鼠标右键，选取"编辑"命令，参考图 6-70。

（4）在【装配约束】对话框中把"距离"改为 351.5mm。

（5）选取"菜单 | 分析 | 测量距离"命令，在【测量距离】对话框中对"类型"选取"投影距离"选项，"指定矢量"选取"ZC" ，可以测得压料圈与凹模的距离为 66.5mm，

如图 12-26 所示。

（6）在表 5-9《压力机规格》中，800kN 压力机的最大封闭高度为 380mm，大于上、下模座的最大距离（351.5mm），滑块行程为 115mm，大于凸模的行程（113mm）。因此，可以选择 800kN 的压力机加工拉深（1）。

拉深工序二与拉深工序一相似，在此不重复叙述。

12.3 拉深工序三的设计过程

12.3.1 创建凹模

（1）先创建一个新的文件夹，"名称"设为"第 12 章建模图\拉深（3）"，目的是创建拉深（3）的 UG 模具零件图全部放在这个目录中，与拉深（1）零件分开存放。

（2）启动 NX 12.0，单击"新建"按钮，在【新建】对话框中选取"模型"选项。在模板框中对"单位"选择"毫米"，选取"模型"模板，把"名称"设为"拉深模凹模（3）.prt"；对"文件夹"选取"第 12 章建模图\拉深（3）"，单击"确定"按钮，进入建模环境。

（3）选取"菜单｜插入｜设计特征｜长方体"命令，在【块】对话框中对"类型"选"原点和边长"选项；把"长度"设为 160mm，"宽度"设为 160mm，"高度"设为 30mm。单击"指定点"按钮，在【点】对话框中输入（-80,-80,0）。单击"确定"按钮，创建一个长方体，如图 12-27 所示。

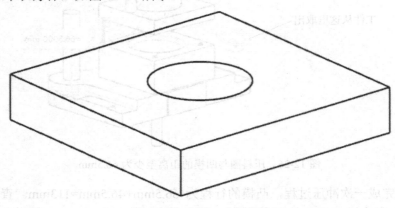

图 12-27 创建一个长方体

（4）选取"菜单｜插入｜设计特征｜孔"命令，在【孔】对话框中单击"绘制截面"按钮，选取 XOY 平面为草绘平面，以 X 轴为水平参考，在原点处绘制 1 个点。

（5）单击"完成"按钮，在【孔】对话框中对"类型"选取"常规孔"，"形状"选取"简单孔"，把"直径"设为 62.39mm，"深度限制"选取"贯通体"，"布尔"选取"减去"。

（6）单击"确定"按钮，创建 1 个通孔。

12.3.2　创建凸模

（1）启动 NX 12.0，单击"新建"按钮，在【新建】对话框中选取"模型"选项。在模板框中对"单位"选择"毫米"，选取"模型"模板；把"名称"设为"拉深模凸模（3）.prt"，"文件夹"选取"第 12 章建模图\拉深（3）"。单击"确定"按钮，进入建模环境。

（2）选取"菜单｜插入｜设计特征｜圆柱体"命令，在【圆柱】对话框中对"类型"选"轴、直径和高度"，"指定矢量"选择"ZC↑"，把"直径"设为 60.15mm，"高度"为 280mm。单击"指定点"按钮，在【点】对话框中输入（0,0,0）。单击"确定"按钮，创建凸模，如图 12-28 所示。

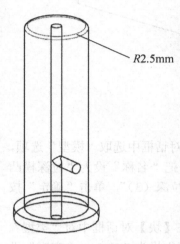

图 12-28　创建凸模

凸模的高度=第 3 次拉深深度（100mm）+第 2 次拉深深度（71mm）+第 3 次拉深的凹模厚度（30mm）+凸模固定板厚度（30mm）+压边圈的厚度（30mm）+适当的空间（20mm）。

（3）选取"菜单｜插入｜设计特征｜圆柱体"命令，在【圆柱】对话框中对"类型"选择"轴、直径和高度"，"指定矢量"选择"ZC↑"，把"直径"设为 80mm，"高度"设为 5mm。单击"指定点"按钮，在【点】对话框中输入（0,0,0），"布尔"选择"求和"。

（4）单击"确定"按钮，创建凸模台阶位。

（5）单击"边倒圆"按钮，在凸模顶部创建 R2.5mm 的圆弧。

（6）在凸模的中心创建排气孔（排气孔的位置要求不高，由读者自定，直径可设为 8mm）。

12.3.3　创建压边圈

（1）启动 NX 12.0，单击"新建"按钮，在【新建】对话框中选取"模型"选项，在模板框中"单位"选择"毫米"，选取"模型"模板，把"名称"设为"拉深模压边圈（3）.prt"。对"文件夹"选取"第 12 章建模图\拉深（3）"，单击"确定"按钮，进入建模环境。

（2）选取"菜单｜插入｜设计特征｜长方体"命令，在【块】对话框中对"类型"选取"原点和边长"选项，把"长度"设为 160mm，"宽度"设为 160mm，"高度"设为 30mm。单击"指定点"按钮，在【点】对话框中输入（-80，-80，0）。单击"确定"按钮，创建一个长方体（压边圈），如图 12-29 所示。

（3）选取"菜单｜插入｜设计特征｜孔"命令，在【孔】对话框中单击"绘制截面"按钮🔲，选取 XOY 平面为草绘平面，以 X 轴为水平参考，在原点处绘制 1 个点。

（4）单击"完成"按钮🔳，在【孔】对话框中对"类型"选取"常规孔"，"形状"选取"简单孔"；把"直径"设为 62mm，对"深度限制"选取"贯通体"，"布尔"选取"🔳减去"。

（5）单击"确定"按钮，创建 1 个孔。

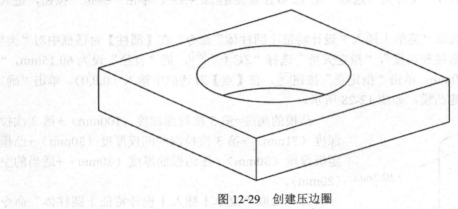

图 12-29　创建压边圈

12.3.4　创建凸模固定板

（1）启动 NX 12.0，单击"新建"按钮🔲，在【新建】对话框中选取"模型"选项，在模板框中对"单位"选择"毫米"，选取"模型"模板，把"名称"设为"拉深模凸模固定板（3）.prt"；对"文件夹"选取"第 12 章建模图\拉深（3）"，单击"确定"按钮，进入建模环境。

（2）选取"菜单｜插入｜设计特征｜长方体"命令，在【块】对话框中对"类型"选取"原点和边长"选项，把"长度"设为 160mm，"宽度"设为 160mm，"高度"设为 30mm。单击"指定点"按钮🔲，在【点】对话框中输入（－80，－80，0）。单击"确定"按钮，创建一个长方体（凸模固定板），如图 12-30所示。

（3）选取"菜单｜插入｜设计特征｜孔"命令，在【孔】对话框中单击"绘制截面"按钮🔲。选取 XOY 平面为草绘平面，以 X 轴为水平参考，在原点处绘制 1 个点。

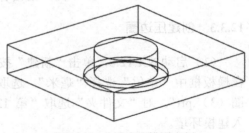

图 12-30　创建凸模固定板

（4）单击"完成"按钮🔳，在【孔】对话框中对"类型"选取"常规孔"，"形状"选取"沉头孔"；把"沉头直径"设为 80mm，"沉头深度"设为 5mm，"直径"设为 60.15mm，"深度限制"选取"贯通体"，"布尔"选取"🔳减去"。

（5）单击"确定"按钮，创建 1 个沉头孔。

12.3.5　创建支撑块

（1）启动 NX 12.0，单击"新建"按钮 📄，在【新建】对话框中选取"模型"选项，在模板框中对"单位"选择"毫米"，选取"模型"模板，把"名称"设为"拉深模凹模垫块（3）.prt"；对"文件夹"选取"第 12 章建模图\拉深（3）"，单击"确定"按钮，进入建模环境。

（2）选取"菜单｜插入｜设计特征｜长方体"命令，在【块】对话框中对"类型"选取"原点和边长"选项，把"长度"设为 160mm，"宽度"设为 45mm，"高度"设为 110mm。单击"指定点"按钮 ⬚，在【点】对话框中输入（-80，-22.5，0）。单击"确定"按钮，创建一个长方体（垫块），如图 12-31 所示。

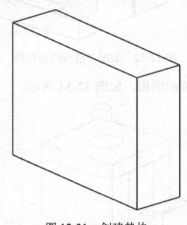

图 12-31　创建垫块

12.3.6　装配下模

（1）把第 4 章创建的 UG 模架库文档，以及第 6 章创建的 M1050、M1070 和图 12-7 创建的拉深模推杆的 UG 文档复制到"第 12 章建模图\拉深（3）"的文件夹中。

（2）单击"打开"按钮 📂，打开"下模.prt"。

（3）选取"菜单｜插入｜基准/点｜基准轴"命令，在【基准轴】对话框中对"类型"选取"ZC 轴"，创建 ZC 轴，参考图 12-11。

（4）选取"菜单｜插入｜基准/点｜基准平面"命令，在【基准平面】对话框中对"类型"选取"YC－ZC" 🔷 YC-ZC 平面，创建 ZOX 和 ZOY 平面，参考图 6-24。

（5）在横向菜单中先选取"应用模块"选项，再选取"装配"按钮，参考图 6-25。

（6）在横向菜单中先选取"装配"选项，再选取"添加"按钮，参考图 6-26。

（7）在【添加组件】对话框单击"打开"按钮 📂，选取"凹模垫块.prt"，单击"OK"按钮。

（8）按第 4 章的装配方法，装配下模与凹模垫块，两垫块的间隔为 70mm，装配后如图 12-32 所示。

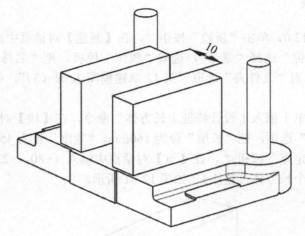

图 12-32　装配下模与凹模垫块

（9）采用相同的方法，装配凹模，如图 12-33 所示。

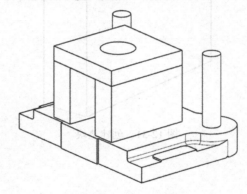

图 12-33　装配凹模

（10）在"装配导航器"中选中☑⬚下模座，单击鼠标右键，选取"设为工件部件"命令，参考图 10-27。

（11）选取"菜单 | 插入 | 设计特征 | 孔"命令，在【孔】对话框中单击"绘制截面"按钮🔲，选取下模座的下表面为草绘平面，绘制 4 个点，如图 12-34 所示。

（12）单击"完成"按钮📐，在【孔】对话框中对"类型"选取"常规孔"，"形状"选取"沉头孔"；把"沉头直径"设为 18mm，"沉头深度"设为 12mm，"直径"设为 12mm；对"深度限制"选取"贯通体"，"布尔"选取"🔾减去"。

（13）单击"确定"按钮，在下模座的底面上创建 4 个沉头孔，如图 12-35 所示。

（14）在"装配导航器"中选中☑⬚拉深模凹模（3），单击鼠标右键，选取"设为工件部件"命令，参考图 10-27。

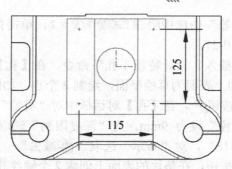

图 12-34　绘制 4 个点

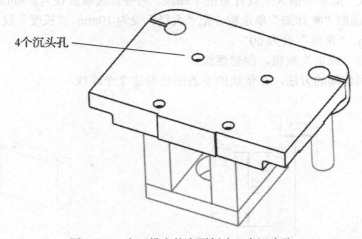

4 个沉头孔

图 12-35　在下模座的底面创建 4 个沉头孔

（15）选取"菜单｜插入｜设计特征｜孔"命令，在【孔】对话框中单击"绘制截面"按钮，选取拉深模凹模的上表面为草绘平面，绘制 4 个点。

（16）单击"完成"按钮，在【孔】对话框中对"类型"选取"常规孔"，"形状"选取"沉头孔"；把"沉头直径"设为 18mm，"沉头深度"设为 12mm，"直径"设为 12mm；对"深度限制"选取"贯通体"，"布尔"选取"减去"。

（17）单击"确定"按钮，在凹模的上表面上创建 4 个沉头孔，如图 12-36 所示。

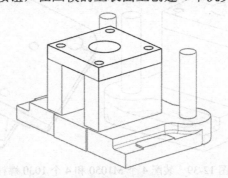

图 12-36　在凹模的表面创建 4 个沉头孔

（18）在"装配导航器"中选中 ☑ 🔲 凹模垫块(3) x 2，单击鼠标右键，选取"设为工件部件"命令，参考图 10-27。

（19）选取"菜单｜插入｜设计特征｜孔"命令，在【孔】对话框中单击"绘制截面"按钮🔲，选取垫块的上表面为草绘平面，绘制 2 个点，如图 12-37 所示。

（20）单击"完成"按钮🔳，在【孔】对话框中对"类型"选取"常规孔"，"形状"选取"简单孔"；把"直径"设为 9mm，对"深度限制"选取"值"，把"深度"设为 30mm，"顶锥角"设为 118°，对"布尔"选取"🔲减去"。

（21）单击"确定"按钮，在垫块的表面上创建 2 个螺纹孔，如图 12-38 所示。

（22）选取"菜单｜插入｜设计特征｜螺纹"命令，选取直径为 ϕ9mm 的孔。在【螺纹】对话框中选取"◉ 详细"单选框，把"大径"设为 10mm，"长度"设为 25mm，"螺距"设为 1mm，"角度"设为 60°。

（23）单击"确定"按钮，创建螺纹。

（24）采用相同的方法，在垫块的下表面也创建 2 个螺纹。

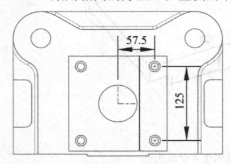

图 12-37　绘制 2 个点

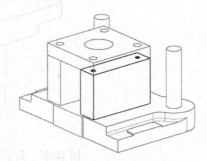

图 12-38　创建 2 个螺纹孔

（25）在"部件导航器"中双击 ☑ 🔲 下模，激活整个装配图。

（26）按照第 6 章的方法，在凹模上装配 4 个 M1030，在底座上装配 4 个 M1050，如图 12-39 所示。

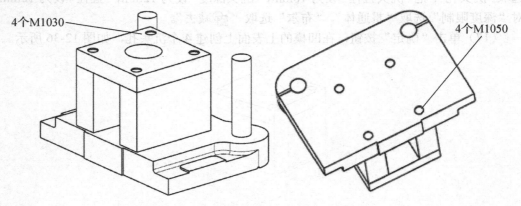

4个M1030

4个M1050

图 12-39　装配 4 个 M1050 和 4 个 1030 螺杆

238

12.3.7　装配上模

（1）单击"打开"按钮，打开"上模.prt"。

（2）在横向菜单中先选取"应用模块"选项，再选取"装配"按钮，参考图 6-25。

（3）在横向菜单中先选取"装配"选项，再选取"添加"按钮，参考图 6-26。

（4）在【添加组件】对话框中对"定位"选取"通过约束"，"引用集"选取"整个部件"，参考图 6-27。

（5）在【添加组件】对话框单击"打开"按钮，选取"凸模.prt"，单击"OK"按钮。

（6）装配上模与凸模，如图 12-40 所示。然后装配固定板，如图 12-41 所示。

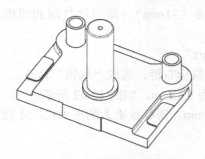
图 12-40　装配上模与凸模

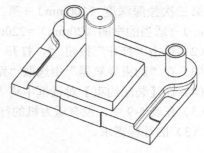
图 12-41　装配固定板

（7）在"装配导航器"中双击☑ 上模座，激活上模座文件。

（8）选取"菜单｜插入｜设计特征｜孔"命令，在【孔】对话框中单击"绘制截面"按钮，选取上模座的上表面为草绘平面，绘制 4 个点，参考图 12-14。

（9）单击"完成"按钮，在【孔】对话框中对"类型"选取"常规孔"，"形状"选取"沉头孔"；把"沉头直径"设为 18mm，"沉头深度"设为 12mm，"直径"设为 12mm；对"深度限制"选取"贯通体"，"布尔"选取"减去"。

（10）单击"确定"按钮，在上模座的上表面创建 4 个沉头孔，参考图 12-21。

（11）采用相同的方法，在凸模固定板上创建 4 个简单孔，孔的深度为 25mm，直径为 ϕ9mm。

（12）在凸模固定板的孔上创建螺纹（M10×20mm）。

（13）在"装配导航器"中双击☑ 上模，装配 4 个上模螺杆（M1050），参考图 12-21。

（14）在"装配导航器"中双击☑ 上模座，在上模座创建两个通孔（ϕ20mm），中心距为 135mm，参考图 12-22。

（15）在"装配导航器"中双击☑ 拉深模固定板（3），在凸模固定板（3）上创建两个通孔（ϕ20mm），中心距为 135mm，参考图 12-22。

（16）在"装配导航器"中双击☑ 上模，先装配压边圈，再装配 2 根推杆，参考图 12-23 和图 12-24。

（17）在"装配导航器"中选中 ☑🔲 拉深模压边圈，单击鼠标右键，选取"设为工作部件"命令。在压边圈上创建2个沉头孔，2个孔的中心距为135mm，沉头孔的大小与前面相同，参考图12-25。

（18）采用相同的方法，在螺杆的端面先创建简单孔（直径为ϕ9mm，深孔为25mm），再创建螺孔，参考图12-25。

（19）在"装配导航器"中双击 ☑🔩 上模，然后装配2支M10×30mm的螺杆。

（20）单击"保存"按钮 💾，保存文档。

12.3.8 选择压力机

（1）计算第三次拉深的行程。

第三次拉深深度（100mm）+第二次拉深深度（71mm）+第三次拉深的凹模厚度（30mm）+适当的空间（20mm）=220mm。

（2）单击"打开"按钮 📂，打开"chongmu.prt"。

（3）在"约束导航器"中选取"距离"，单击鼠标右键，选取"编辑"命令。

（4）在【装配约束】对话框中将"距离"改为550mm，如图12-42所示。

（5）在表5-9中，没有压力机的行程达到220mm，需寻找更大的压力机，才能符合拉深（3）的行程需求。

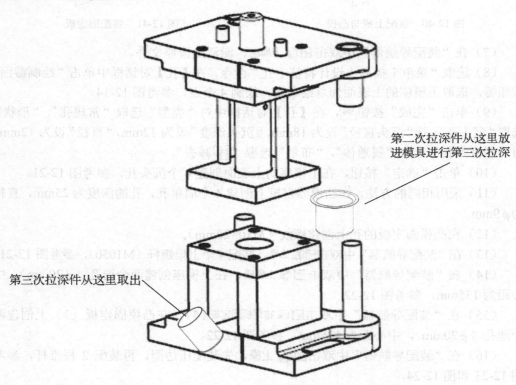

第二次拉深件从这里放进模具进行第三次拉深

第三次拉深件从这里取出

图12-42　总装图

参 考 文 献

[1] 冲模设计手册编写组. 冲模设计手册. 北京：机械工业出版社，1999.

[2] 杨占尧，冲压模具及应用手册. 北京：化学工业出版社，2010.

[3] 刘建超，张宝忠. 冲压模具设计与制造. 北京：高等教育出版社，2010.

[4] 季忠，王晓丽，刘韧. 冲压模具设计自动化及实例. 北京：化学工业出版社，2007.

参考文献

[1]
[2]
[3]
[4]